ARCHIMEDIS

OPERA OMNIA

CVM COMMENTARIIS EVTOCII

ITERVM EDIDIT

IOHAN LVDVIG HEIBERG

VOL. IV

ÜBER EINANDER BERÜHRENDE KREISE

STVTGARDIAE IN AEDIBVS B. G. TEVBNERI MCMLXXV

ARCHIMEDES

ÜBER EINANDER BERÜHRENDE KREISE

Aus dem Arabischen übersetzt
und mit Anmerkungen versehen von

Yvonne Dold-Samplonius,
Heinrich Hermelink und Matthias Schramm

Mit 14 Faksimiletafeln

B. G. TEUBNER STUTTGART 1975

ISBN 3-519-01065-8

Printed in Germany
Druck: Julius Beltz, Hemsbach/Bergstr.

VORWORT

Unter den im Fihrist des Ibn an-Nadīm aufgeführten Werken von Archimedes[1] befindet sich ein ,,Buch über sich berührende Kreise", das auch sonst gelegentlich in der arabischen Literatur erwähnt wird. Andererseits zitiert al-Bīrūnī einen Satz aus dem ,,Buch der Kreise" von Archimedes[2]. Wie die nachstehend veröffentlichte Schrift zeigt, handelt es sich um ein und dasselbe Werk, das in seinem wesentlichen Inhalt tatsächlich auf Archimedes zurückgehen könnte. Spuren späterer Überarbeitung sind allerdings — ebenso wie in den einen ähnlichen Charakter zeigenden ,,Lemmata" — deutlich sichtbar. Die Schrift unterscheidet sich nach Inhalt und Zielsetzung deutlich von den ,,Tactiones" des Apollonios von Perge, die im Arabischen denselben Titel tragen und ebenfalls mehrfach (z.B. von Ibrāhīm b. Sīnān) bearbeitet wurden.

Auf Parallelen zu einzelnen Sätzen in der griechischen und arabischen mathematischen Literatur wird gelegentlich in den Anmerkungen aufmerksam gemacht.

---

1 Ibn an-Nadīm: Kitāb al-Fihrist, ed. G. Flügel. Leipzig 1871, Bd. 1, S. 266; vgl. H. Suter: Das Mathematiker-Verzeichnis im Fihrist, in: Abhandlungen zur Geschichte der mathematischen Wissenschaften. Bd. 6, 1892, S. 17—18.

2 H. Suter: Das Buch der Auffindung der Sehnen im Kreise von Abū 'l-Raiḥān Muḥ. el-Bīrūnī, in: Bibliotheca Mathematica. Folge 3, Bd. 11, 1910, S. 11—72.

Der Übersetzung liegt das einzige bekannte Manuskript, die arabische Sammelhandschrift Bankipore Nr. 2468 zugrunde. Sie ist im „Catalogue of the Arabic and Persian Manuscripts in the Oriental Public Library at Bankipore" vol. 22 (Bihar 1937), Seiten 60 bis 92 im einzelnen beschrieben.

Die Handschrift umfaßt 327 Blätter, von denen das letzte anderer Herkunft ist. Das Format ist 24 × 15 cm, der Schriftspiegel 20 × 13 cm. Im allgemeinen befinden sich auf einer Seite 31 Zeilen. Verschiedene Traktate sind Mosul A. H. 631 bzw. 632 (1234 n. Chr.) datiert.

Die Handschrift enthält zahlreiche mathematische und astronomische Werke von Vorgängern und Zeitgenossen des bekannten Naturwissenschaftlers al-Bīrūnī (geb. 973, gest. nach 1048 n. Chr.), sowie einige Werke von ihm selbst. Die Vorlage der Handschrift dürfte im Umkreis Bīrūnīs zu suchen sein.

Das Manuskript befindet sich teilweise in sehr schlechtem und ungeordnetem Zustand, jedoch ist das nachstehende Werk kaum davon betroffen. Es steht auf Folio 134^{v} bis 141^{r} und ist im Katalog (Seite 78) mit Nr. 28 bezeichnet. Der Originaltitel lautet „Kitāb Aršimīdis fī ad-dawā'ir al-mutamāssa^{h}". Am Rande des Traktates steht die von einer älteren Zählung herrührende Nummer 26. Nr. 27 ist die Abhandlung über Parabelquadratur von Ibrāhīm b. Sinān b. T̲ābit b. Qurra^{h} (gest. 946 n. Chr.); Nr. 29 ist eine weitere (vermutlich fälschlich) dem Archimedes zugeschriebene Schrift „Kitāb Aršimīdis fī al-uṣūl al-handasīya^{h}" (Das Buch des Archimedes über die Grundlagen der Geometrie), die ausdrücklich als Übersetzung aus dem Griechischen von T̲ābit b. Qurra^{h} (gest. 901 n. Chr.) bezeichnet wird. Dagegen ist bei dem vorliegenden Werk der einzige Hinweis auf einen Übersetzer oder Bearbeiter die am Schluß von anderer Hand beigefügte Notiz „Von T̲ābit ibn Qurra^{h}".

Die Schrift ist ein gleichmäßiges und deutliches Nasḫī; die Figuren sind sorgfältig und sauber ausgeführt. Der Schreiber hat sich aber wohl keine große Mühe gegeben, seine Vorlage zu verstehen, wie die verhältnismäßig häufigen kleinen und bei einem mathematischen Text leicht korrigierbaren Abschreibfehler zeigen. Größere Lücken sind, soweit ersichtlich, nicht vorhanden.

Eine Druckausgabe des vorliegenden Werkes erschien 1947 unter dem Titel „Kitāb fī ad-dawā'ir al-mutamāssa^{h} li-Aršimīdis" zusammen mit der oben erwähnten Schrift, „Kitāb fī al-uṣūl al-handasīya^{h}" in Hyderabad (Dekkan). Der Druck folgt – abgesehen von Lesefehlern – genau unserer Handschrift. Auch die Figuren sind (mit einigen Fehlern) genau nach der Handschrift gezeichnet.

Eine russische Bearbeitung der erwähnten Druckausgabe von B. A. Rozenfeld ist 1962 im Rahmen der russischen Übersetzung der Werke des Archimedes von J. N. Veselovsky in Moskau erschienen, eine spanische von J. Vernet und A. Catalá in „Al-Andalus" 33, 1968, S. 62—93[3]. In der Korrektur der Abschreibfehler deckt sich unser Text mit der russischen Übersetzung, ausgenommen *f. 139 r 14—16, v 28—30; 140 r 12—13.* In der spanischen Übersetzung sind eine Reihe von Fehlern stehen geblieben. Eine erste Analyse des Textes ist von Yvonne Dold-Samplonius 1973 in „Sudhoffs Archiv", Bd. 57, S. 15—40 veröffentlicht worden[4].

---

3 In erweiterter Form u. d. T. „Dos tratados del Arquímede árabe" Barcelona 1972 als Nr. 2 der „Publicaciones del Seminario de Historia de la Ciencia de la r. Academia de Buenas Letras" erschienen.

4 Nicht mehr berücksichtigt werden konnte der 1974 erschienene 3. Band der alt- und neugriechischen Archimedes-Ausgabe von J. Heiberg–E. S. Stamatis (Athen 1970ff). Er enthält S. 113–157 eine Rückübersetzung der Schrift ins Dorische mit paralleler neugriechischer Übersetzung, ferner S. 319–332 ein Faksimile der arabischen Handschrift.

Die Umschrift arabischer Termini ist nach der Recommendation R 233 der International Organization for Standardization von 1961 vorgenommen. Für die Wiedergabe der arabischen Buchstaben in den geometrischen Figuren ist die von H. Hermelink und E. S. Kennedy vorgeschlagene Übereinkunft zugrundegelegt worden[5].

ABKÜRZUNGEN

B = Ms. Bankipore 2468

Bīrūnī, Sehnenbuch: s. S. 3 Anm. 2.

E = Euclidis Elementa, ed. J. L. Heiberg. Leipzig 1883–85.

h = Kitāb fī ad-dawā'ir al-mutamāssa^{h} li-Aršimīdis. Hyderabad (Dekkan) 1366 (1947).

Lemmata = Archimedis Opera Omnia, ed. J. L. Heiberg. Leipzig 1910–15. vol. 2, pp. 509–525.

Nairīzī = Anaritii in decem libros priores elementorum Euclidis commentarii, ed. M. Curtze. Leipzig 1899.

Pappos = Pappi Alexandrini Collectiones quae supersunt, ed. F. Hultsch. Berlin 1875–78.

[ ] Zusätze der Übersetzer.

5 „Transcription of Arabic letters in geometric figures", in: Journal of the American Oriental Society. Vol. 82, 1962, p. 204.

f. 134 v Im Namen Allah's, des barmherzigen Erbarmers.

Die Schrift des Archimedes über einander berührende Kreise.

[17] Archimedes hat gesagt:

[§ 1]

[a.] Wenn beliebig viele aufeinanderfolgende, einander berührende Kreise gegeben sind, deren Mittelpunkte auf einer einzigen [geraden] Linie liegen, [18] und diese Linie geradlinig verlängert wird, und auf ihr ein gewisser Punkt sich so bestimmen läßt, daß eine von ihm gezogene Linie die Kreise berührt, [19] dann stehen die Kreise in fortlaufender Proportion.

[b.] [Umkehrung:] Und wenn die Kreise in fortlaufender Proportion stehen, so berührt die Linie, [20] die zwei dieser aufeinanderfolgenden Kreise berührt, wenn sie geradlinig verlängert wird, die restlichen Kreise.

[a.] Beispiel: Nehmen wir [21] aufeinanderfolgende, einander berührende Kreise an, an deren Mittelpunkten A, B, G [steht], und es seien die Mittelpunkte A, B, G auf

---

§ 1

a. Voraussetzung:

f. 134 v

21 Zentrale ABGZ gerade

einer einzigen geraden Linie [gelegen], [22] nämlich der Linie AG, und nehmen wir an, daß die Kreise sich gegenseitig in den beiden Punkten D und E berühren, und bestimmen wir auf der Linie AG [23] den Punkt Z, und es werde von ihm eine Linie gezogen, welche die Kreise in den Punkten H, T, K berührt. [Fig. 1]

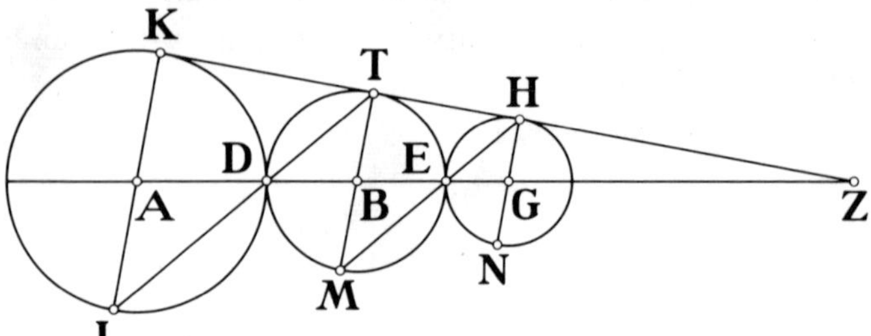

Fig. 1

Dann behaupte ich, daß das Verhältnis von Kreis A [24] zu Kreis B wie das Verhältnis von Kreis B zu Kreis G ist.

[1.] Beweis: Ziehen wir von den Berührungspunkten Durchmesser [25] durch die Mittelpunkte, nämlich die Linien KAL, TBM und HGN, und ziehen die Verbindungslinien LD, DT, ME und EH. Weil nun [26] die Linien KL, TM und HN von den Berührungspunkten durch die Mittelpunkte gezogen wurden, bilden sie Senkrechte auf der [h3] Tangente [27] und sind folglich parallel zueinander.

---

22 D, E Berührpunkte
23 ZHTK Tangente
Behauptung:
24 Kreis A : Kreis B = Kreis B : Kreis G
1. Beweis:
26 Durchmesser KL, TM, HN $\perp$ Tangente [KZ] [E III 18]
27 $\rightarrow$ KL $\parallel$ TM $\parallel$ HN [E I 27]

Folglich ist Winkel LAD gleich Winkel DBT. Ferner sind die Dreiecke LAD und DBT gleichschenklig. [28] Folglich ist Winkel ADL gleich Winkel BDT. Nun ist die Linie AB gerade; folglich ist die Linie LT ebenfalls [29] gerade. Und ebenso wird klar, daß die Linie MH gerade ist. Weil ferner von den rechtwinkligen Dreiecken LKT und MTH [30] die Winkel ALD und BME gleich sind, sind auch deren restliche Winkel, nämlich KTL und [31] THM, einander gleich. Demnach ist die Linie LT parallel zu der Linie MH.

f. 135 r Weil nun die Dreiecke KLT und MTH [1] einander ähnlich sind, ist das Verhältnis von LK zu KT wie das Verhältnis von MT zu TH, und wenn wir vertauschen, ist das Verhältnis von LK zu [2] MT wie das Verhältnis von KT zu TH. Aber das Verhältnis von KL zu MT ist wie das Verhältnis von KA zu TB, d. h. wie das Verhältnis von [3] KZ zu ZT. Folglich ist das Verhältnis von KZ zu ZT

27	$\rightarrow \sphericalangle$ LAD $= \sphericalangle$ DBT	[E I 29]
	Ferner $\triangle$ LAD u. $\triangle$ DBT gleichschenklig	[E I def. 15]
28	$\rightarrow \sphericalangle$ ADL $= \sphericalangle$ BDT	
28	Aber AB ist gerade Linie $\rightarrow$ LT gerade	[E I 32]
29	Ebenso MH gerade	
30	$\sphericalangle$ KTL $= \sphericalangle$ THM	[E I 32]
31	$\rightarrow$ LT $\parallel$ MH	[E I 28; vgl. Pappos VII 175]
31	$\triangle$ KLT $\sim \triangle$ MTH	

f. 135 r

1	$\rightarrow$ LK : KT = MT : TH	[E VI 4]
2	LK : MT = KT : TH	[E V 16]
2	Aber KL : MT = KA : TB = KZ : ZT [weil $\triangle$ AKZ $\sim \triangle$ BTZ]	
3	$\rightarrow$ KZ : ZT = KT : TH [KZ — KT = TZ; ZT — TH = ZH]	

wie das Verhältnis von KT zu TH. Weil nun das Verhältnis der ganzen [Linie] KZ [4] zu der ganzen [Linie] ZT wie das Verhältnis der verminderten [Linie] KT zu der verminderten [Linie] TH ist, ist auch das Verhältnis der restlichen [Linie] TZ zu der restlichen [Linie] ZH [5] wie das Verhältnis von KZ zu ZT. Das Verhältnis von KZ zu ZT ist aber wie das Verhältnis von KA zu TB, d. h. wie das [6] Verhältnis von KL zu TM, und das Verhältnis von TZ zu ZH ist wie das Verhältnis von TB zu HG, d. h. wie das Verhältnis von TM zu HN. Folglich ist das Verhältnis von KL zu TM wie das Verhältnis von TM zu [7] HN. Dann ist das Verhältnis des Quadrates [h4] von KL zu dem Quadrat [8] von TM wie das Verhältnis des Quadrates von TM zu dem Quadrat von HN. Nun ist das Verhältnis der Kreise [9] zueinander wie das Verhältnis der Quadrate [10] ihrer Durchmesser [11] zueinander. Somit ist das Verhältnis von Kreis A [12] zu Kreis B wie das Verhältnis von Kreis B zu Kreis [13] G.

Und das ist es, was wir beweisen wollten.

[b.] [Umkehrung:] Andererseits sollen die Kreise in fortlaufender Proportion stehen, [14] und die Linie ZH soll so angenommen werden, daß sie die beiden Kreise B und G in den Punkten H und T berührt. [Fig. 2]

---

4 $\rightarrow$ TZ : ZH = KZ : ZT [E V 17]
6 Aber TZ : ZH = TB : HG = TM : HN [E VI 4]
6 $\rightarrow$ KL : TM = TM : HN [Z. 2 – 6]
7 $\rightarrow$ $KL^2 : TM^2 = TM^2 : HN^2$ [E VI 22]
11 $\rightarrow$ Kreis A : Kreis B = Kreis B : Kreis G
w.z.b.w. [E XII 2]

b. Umkehrung:

Voraussetzung:

13 Kreis A : Kreis B = Kreis B : Kreis G
14 ZH Tangente an Kreis B u. Kreis G in H bzw. T

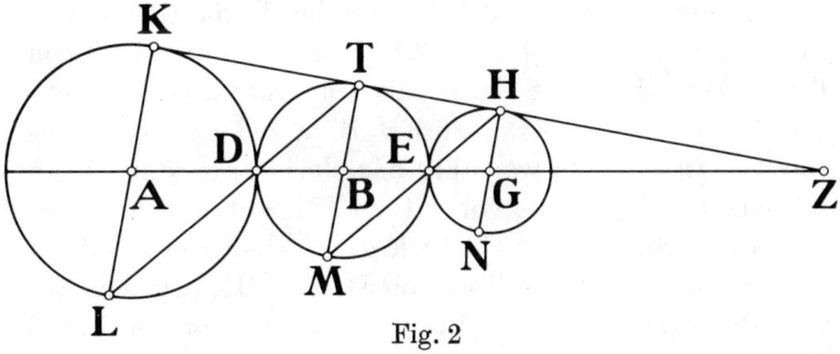

Fig. 2

Dann behaupte ich: Wenn wir [15] die Linie ZT geradlinig verlängern, berührt sie den Rest der Kreise.

Beweis: Ziehen wir durch den Punkt A eine Linie [16] parallel zu der Linie TM, nämlich den Durchmesser KAL, verbinden T mit K und vervollständigen die restliche Zeichnung entsprechend dem, wie es in dem vorhergehenden Satz ist. [17] Nun wird sich uns in diesem Satz ergeben, daß die Linie LD in einer Geraden mit der Linie DT liegt, daß die Linie LT parallel zu der Linie [18] MH ist und daß das Dreieck KLT ähnlich dem Dreieck TMH ist.

Weil nun die Kreise in fortlaufender Proportion stehen, ist das Verhältnis [19] von KL zu TM wie das Verhältnis von TM zu HN. Aber das Verhältnis von KL zu TM, d.h. das

---

Behauptung:

15 ZT Tangente an Kreis A

Beweis:

15 Man mache KAL $\parallel$ TM

17 Darzulegen ist: LD, DT in einer Linie;

LT $\parallel$ MH;

18 $\triangle$ KLT $\sim$ $\triangle$ TMH.

19 Es ist nämlich

a) KL : TM = TM : HN [E VI 19 aus Z. 13]

Verhältnis von AL zu TB, ist wie das Verhältnis [20] von LD zu DT, d. h. wie LD zu ME. Und das Verhältnis von TM zu HN, d. h. das Verhältnis von BM zu GH, ist wie das Verhältnis von ME [21] zu EH, d. h. wie das Verhältnis von DT zu EH. Es war aber das Verhältnis von LD zu ME wie das Verhältnis von KL zu TM. [22] Folglich ist das Verhältnis von KL [h5] zu TM wie das Verhältnis von LD zu ME und wie das Verhältnis von DT zu EH, d.h. wie das Verhältnis der ganzen [23] [Linie] LT zu der ganzen [Linie] MH. Weil nun das Verhältnis von KL zu TM wie das Verhältnis von LT zu MH ist und die beiden von diesen eingeschlossenen Winkel [24] einander gleich sind, sind die beiden Dreiecke KLT und TMH einander ähnlich. Somit ist Winkel LKT gleich Winkel MTH; [25] Winkel MTH ist aber ein Rechter. Somit ist Winkel LKT ein Rechter. Andererseits ist die Linie KL parallel zu der Linie TB; folglich ist Winkel KTM ein Rechter. [26] Winkel BTH war

---

19 KL : TM = AL : TB [Halbierung]
= LD : DT [gleichschenkl. Dreiecke]
= LD : ME [△ BDT = △ BEM]
[Es folgt: LD verlängert DT wegen E VI 32]
20 Ferner
b) TM : HN = BM : GH
= ME : EH = DT : EH [wie oben]
22 → KL : TM = LD : ME
= DT : EH = LT : MH [da LT = LD + DT, MH = ME + EH] [also LT ∥ MH]
23 Ferner
c) ∢ [KLT] = ∢ [TMH] [da zwischen Parallelen]
24 → △ KLT ∼ △ TMH [E VI 6]
24 → ∢ LKT = ∢ MTH [E VI def. 1]
25 und ∢ MTH = 90° → ∢ LKT = 90° [E III 18]
25 Andererseits KL ∥ TB [Z. 15]
25 → ∢ KTM = 90° } [E III 18]
26 Ferner ∢ BTH = 90° }

aber ein Rechter; folglich verläuft die Linie HT in der Verlängerung der Linie TK [27] und berührt den Kreis A.

[Porisma 1:] Und ebenso ergibt sich, daß sie [28] [— die Linie ZH —], wenn mehr Kreise als [29] diese [A, B, G] vorhanden sind, [30] wieviele es auch sein mögen, alle diese berührt.

[2. Beweis:]

[a.] Andererseits [31] nehmen wir die Kreise wie im
f. 135 v Vorangegangenen an, ziehen die Verbindungslinien [1] LK, KD, [DT], TE, EH und HN und ziehen von dem Punkt D eine Linie, die jeden der beiden Kreise [2] A und B berührt, nämlich die Linie DM; dann steht die Linie DM senkrecht auf der Linie LZ [Fig. 3].

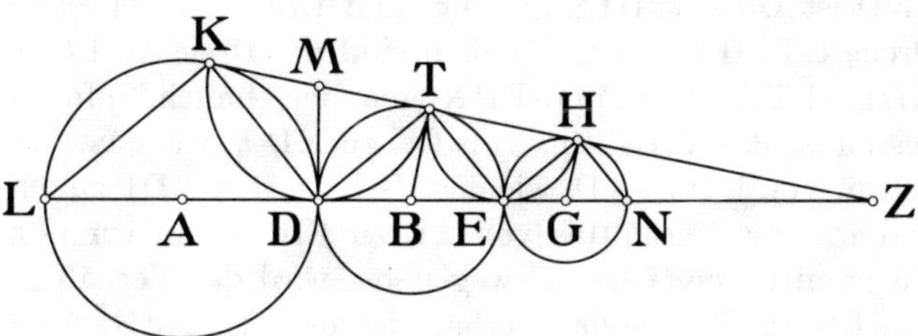

Fig. 3

Weil nun jede der beiden Linien KM und MD [3] den Kreis A berührt, ist die Linie KM gleich der Linie MD. Und ebenso ist auch die Linie TM gleich der Linie MD. [4]

---

26 → HT verlängert TK, berührt Kreis A
w.z.b.w.

2. Beweis:

a)

f. 135 v

4 KM = MD = TM [gleiche Tangentenlängen]

Somit sind die drei Linien KM, MD und TM einander gleich, und der um den Mittelpunkt M mit dem Abstand MK geschlagene Kreis, wie der Kreis [5] KDT, geht durch die Punkte K, D und T. Mithin ist der Winkel KDT ein Rechter; andererseits ist der Winkel LKD ein Rechter. Somit sind die beiden Linien LK und TD [6] zueinander parallel. [h][6] Und ebenso ergibt sich, daß die beiden Linien DT und EH zueinander parallel sind. Weil ferner die Linie ZHK [7] den Kreis A im Punkt K berührt und die Linie KD ihn abschneidet, ist der Winkel TKD gleich dem Winkel KLD. [8] Nun sind die beiden Dreiecke LKD und KDT rechtwinklig; mithin ist der restliche Winkel KDL gleich dem restlichen Winkel KTD. [9] Somit sind die beiden Dreiecke LKD und KDT einander ähnlich. Aber Dreieck LKD ist Dreieck DTE ähnlich, und Dreieck KDT [10] ist Dreieck TEH ähnlich. Folglich sind die Dreiecke LKD, KDT, [DTE], TEH und EHN einander ähnlich. Infolgedessen ist das Verhältnis von LK zu KD [11] wie das Verhältnis von KD zu TD, wie das Verhältnis von DT zu TE und wie das Verhältnis von TE zu EH. Wenn wir nun die [12] mittleren [Glieder] weglassen, wird das Verhältnis von LK zu DT wie das Verhältnis von DT zu EH. Aber das Verhältnis von LK zu DT [13] ist wie das Verhältnis von LD zu DE, und das Verhältnis von DT zu EH ist wie

---

5 Man schlage Kreis KDT um M
$\rightarrow \sphericalangle$ KDT $= \sphericalangle$ LKD $= 90°$ [E III 31]
6 $\rightarrow$ LK $\parallel$ TD, [E I 28]
DT $\parallel$ EH
7 $\sphericalangle$ TKD $= \sphericalangle$ KLD [E III 32]
9 $\rightarrow \triangle$ LKD $\sim \triangle$ KDT [E VI 4]
10 $\rightarrow \triangle$ LKD $\sim \triangle$ KDT [$\sim \triangle$ DTE] $\sim \triangle$ TEH $\sim \triangle$ EHN
11 $\rightarrow$ LK : KD = KD : TD = DT : TE = TE : EH
12 $\rightarrow$ LK : DT = DT : EH [E V 22]
13 Aber LK : DT = LD : DE [E VI 4]

das Verhältnis von DE zu EN. Folglich ist das Verhältnis von LD zu DE [14] wie das Verhältnis von DE zu EN. Folglich ist das Verhältnis von LD im Quadrat zu [15] DE im Quadrat gleich dem Verhältnis von DE im Quadrat [16] zu EN im Quadrat. [17] Damit ist das Verhältnis von Kreis A zu Kreis B wie das Verhältnis von [18] Kreis B zu Kreis G.

Und das ist es, was wir beweisen wollten.

[19] [b.] [Umkehrung:] Andererseits sollen die Kreise in fortlaufender Proportion stehen, und es sei die Linie ZH gegeben, die die beiden Kreise G und B in [20] den Punkten H und T berührt. [Fig. 4].

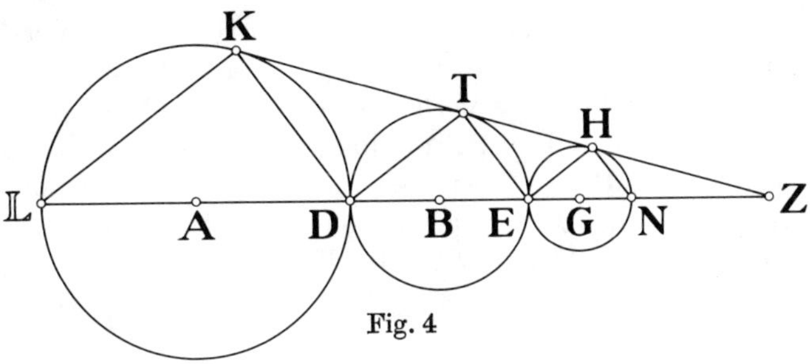

Fig. 4

Dann behaupte ich, daß, wenn wir die Linie ZHT geradlinig verlängern, sie [h7] den Kreis A berührt.

---

13 $DT : EH = DE : EN$

14 $\rightarrow LD : DE = DE : EN$

16 $\rightarrow LD^2 : DE^2 = DE^2 : EN^2$ [E VI 20]

17 $\rightarrow$ Kreis A : Kreis B = Kreis B : Kreis G [E XII 2]

w.z.b.w.

b. Umkehrung:

Voraussetzung:

19 Kreis A : Kreis B = Kreis B : Kreis G

20 ZH Tangente an Kreis G und Kreis B

Behauptung:

20 ZH Tangente an Kreis A

Beweis: [21] Ziehen wir die Verbindungslinien NH, HE, ET und TD, ziehen aus dem Punkt D eine Parallele zur Linie TE, nämlich [22] die Linie DK, und verbinden TK und KL. Weil nun die Linie KD parallel zu der Linie TE ist, ist Winkel KDL gleich [23] Winkel TED. Weiter ist Winkel ETD ein Rechter und gleich Winkel TDK, weil die beiden Linien KD und TE [24] zueinander parallel sind. Ferner ist Winkel DKL ein Rechter, weil er im Halbkreis LKD liegt. Folglich ist Winkel TDK [25] gleich Winkel DKL. Folglich ist die Linie LK parallel zur Linie DT. Weil nun die Dreiecke [, nämlich NHE, HET, ETD, DKL] einander ähnlich sind [26] auf Grund dessen, was vorstehend bewiesen wurde, ist das Verhältnis von NH zu HE wie das Verhältnis von HE zu ET und wie das Verhältnis von ET [27] zu TD. Folglich ist das Verhältnis von NH zu ET wie das Verhältnis von NH zu EH zweifach genommen. Das Verhältnis von NH zu ET ist aber wie das [28] Verhältnis von ET zu DK, und das Verhältnis von NH zu HE ist wie das Verhältnis von ET zu TD. Folglich ist das Verhältnis

---

Beweis:

22 $KD \parallel TE \rightarrow \sphericalangle KDL = \sphericalangle TED$ [E I 28]

23 $\sphericalangle ETD = 90° = \sphericalangle TDK$ (weil $KD \parallel TE$)

24 $\sphericalangle DKL = 90°$ (auf Halbkreis LKD) [E III 31]

25 $\rightarrow \sphericalangle TDK = \sphericalangle DKL \rightarrow LK \parallel DT$

25 $\rightarrow [\triangle NHE \sim \triangle HET \sim \triangle ETD \sim \triangle DKL]$ [s. 2a]

26 $\rightarrow NH : HE = HE : ET = ET : TD$

27 $\rightarrow NH : ET = (NH : EH)^2$ [E V def. 9]

28 Aber $\frac{NH}{ET} = \frac{ET}{DK}$ [Umkehrung von 2a, Z. 12–17)

$$\frac{NH}{HE} = \frac{ET}{TD}$$

von ET zu KD [29] wie das Verhältnis von ET zu TD zweifach genommen. Dann ist das Verhältnis von ET zu TD wie das Verhältnis von TD zu DK, und diese [Linien] umschließen zwei einander gleiche Winkel.

[30] Somit ist Dreieck KDT ähnlich Dreieck DTE; mithin Winkel DKT gleich Winkel TDE. [31] Nun war aber Winkel HTE gleich Winkel TDE; folglich ist Winkel HTE
f. 136 r gleich Winkel [1] TKD. Weil nun [h8] die beiden Winkel DTH und THE [zusammen] zwei Rechten gleichkommen und Winkel KTD gleich [2] Winkel THE ist, kommen die beiden Winkel DTK und DTH [zusammen] zwei Rechten gleich; mithin liegt Linie KT in einer Geraden mit Linie TZ. [3] Weil andererseits Winkel TKD gleich Winkel DLK ist, ist die Linie ZK Tangente an Kreis A [4] wegen der Umkehrung dessen, was im dritten Buch der Schrift von Euklides mit dem Titel ‚Stoicheia' gesagt ist.

---

29 → $\frac{ET}{KD} = \left(\frac{ET}{TD}\right)^2 \to \frac{ET}{TD} = \frac{TD}{DK}$ [E V def. 9 Umkehr.]
Ferner $\sphericalangle$ ETD = $\sphericalangle$ TDK [Z. 23]

30 → △ KDT ∼ △ DTE
→ $\sphericalangle$ DKT = $\sphericalangle$ TDE

31 Aber $\sphericalangle$ HTE = $\sphericalangle$ TDE [E III 32]
→ $\sphericalangle$ HTE = $\sphericalangle$ TKD

f. 136 r

1 $\sphericalangle$ DTH + $\sphericalangle$ THE = 180° [E I 28]
und $\sphericalangle$ KTD = $\sphericalangle$ THE [E I 27]

2 → $\sphericalangle$ DTH + $\sphericalangle$ KTD = 180°
→ KT in einer Geraden mit TZ

3 Andererseits $\sphericalangle$ TKD = $\sphericalangle$ DLK
[denn $\sphericalangle$ TKD = $\sphericalangle$ TDE = $\sphericalangle$ DLK; vergl. oben Z. 25]
→ ZK Tangente an Kreis A wegen Umkehrung von

4 Euklid III [32 Sehnen-Tangenten-Satz]

[5] [Porisma. 2:] Neben dem, was wir bewiesen haben, ergibt sich wohl für uns folgendes: Wenn zwei Kreise vorhanden sind, die sich von außen berühren, und es berührt sie eine einzige Linie [6] gemeinsam von außen (wie die Linie TK), so ist die Tangente [7] das Mittelglied [8] in der fortlaufenden Proportion zwischen den Durchmessern der beiden Kreise; [9] denn wegen der Ähnlichkeit der Dreiecke [LKD, KDT, DTE] ist [10] das Verhältnis von LD zu KT wie das Verhältnis von KT zu DE.

[§ 2]

[11] Wenn aufeinanderfolgende Kreise vorhanden sind, deren Mittelpunkte auf einer einzigen geraden Linie liegen, [12] diese Linie verlängert wird und auf der Verlängerung davon ein gewisser Punkt so angenommen wird, daß eine von ihm gezogene Gerade die Kreise berührt, dann [13] sind die Verhältnisse der Kreise zueinander wie die Verhältnisse der Quadrate der sie berührenden Linien zueinander.

Beispiel: [14] Nehmen wir zwei Kreise an mit den Mittelpunkten A und B, und es seien die Mittelpunkte A und B auf einer einzigen Geraden [gelegen]. Verlängern wir die Linie [15] AB, bestimmen auf Kreis B einen Punkt E

Porisma 2:

5–6 Voraussetzung: TK Tangente an Kreis [A] und [B]

9 [$\triangle$ LKD $\sim$ $\triangle$ KDT $\sim$ $\triangle$ DTE]

$\rightarrow$ LD : KT = KT : DE

§ 2

Voraussetzung:

15 DEZ Tangente an Kreis A und Kreis B

und ziehen eine Linie, welche die Linie AB [in D] schneidet und Kreis B in E und Kreis [16] A in Z berührt. [Fig. 5]

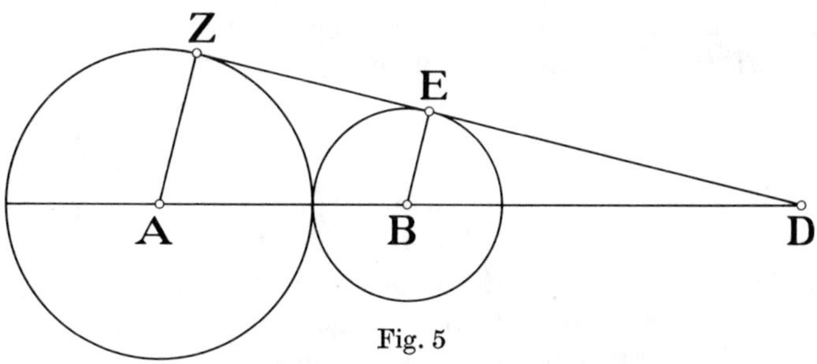

Fig. 5

Dann behaupte ich, daß das Verhältnis von Kreis A zu Kreis B wie das Verhältnis des Quadrates [h9] der Tangente ZD [17] zum Quadrat der Tangente ED ist.

Beweis: Ziehen wir die Verbindungslinien ZA und EB. Weil nun [18] jeder der beiden Winkel AZD und BED ein Rechter ist, ist die Linie ZA parallel zur Linie EB. Somit ist das Verhältnis von ZA zu [19] EB, d. h. das Verhältnis des Durchmessers des Kreises A zum Durchmesser des Kreises B, wie das Verhältnis der Tangente ZD zur Tangente DE. Mithin ist das Verhältnis [20] des Quadrates

---

Behauptung:

16 Kreis A : Kreis B $= ZD^2 : ED^2$

Beweis:

18	$\sphericalangle AZD = \sphericalangle BED = 90°$	[E III 18]
18	$\rightarrow ZA \parallel EB$	[E I 28]
19	$\rightarrow ZA : EB = ZD : DE$	[E VI 2]
20	$\rightarrow$ (Durchmesser von Kreis A)^2 : (Durchmesser von Kreis B)^2	[E XII 2]

des Durchmessers von Kreis A zum Quadrat des Durchmessers von Kreis B, d. h. das Verhältnis [21] von Kreis A zum Kreis B, wie das Verhältnis des Quadrates der Tangente ZD [22] zum Quadrat der Tangente DE. [23] Und das ist es, was wir beweisen wollten.

[§ 3]

Wenn [24] einander berührende Kreise vorhanden sind, deren Mittelpunkte auf einer einzigen Linie liegen und die einander fortlaufend proportional sind, [25] und es werden von ihren Mittelpunkten Linien gezogen, die sie der Reihe nach berühren, dann sind die Verhältnisse der Kreise zueinander wie die Verhältnisse [26] der Quadrate ihrer Berührungslinien zueinander.

[Beispiel:] Nehmen wir einander berührende Kreise an mit den Mittelpunkten [27] A, B, G und D, wobei die Mittelpunkte A, B, G und D auf einer einzigen Linie liegen, und sie [die Kreise] seien einander fortlaufend proportional; ferner sollen von [28] den Punkten A, B, G und D Linien gezogen werden, welche die Kreise A, B, G und D der Reihe nach berühren, nämlich die Linien BT, GK und DL. [Fig. 6]

---

21 $= (\text{Kreis A}) : (\text{Kreis B}) = ZD^2 : DE^2$

w.z.b.w.

§ 3

Voraussetzung:

27 Kreis A: Kreis = Kreis B: Kreis G

28 BT, GK, DL Tangenten an Kreis A, B, G

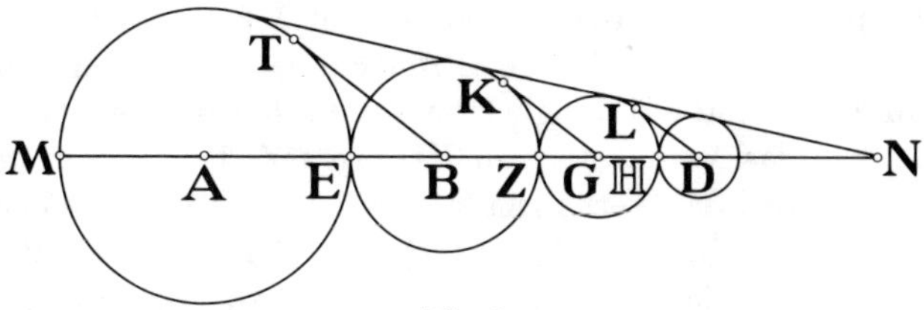

Fig. 6

[29] Dann behaupte ich, daß das Verhältnis von Kreis A zu Kreis B wie das Verhältnis des Quadrates der Linie BT zum Quadrat der Linie GK ist [30] und daß das Verhältnis von Kreis B zu Kreis G h[10] wie das Verhältnis des Quadrates der Linie GK zum Quadrat der Linie DL ist.

Beweis: [31] Weil die Kreise zueinander fortlaufend proportional sind, ist das Verhältnis des Durchmessers ME zu
f. 136 v EZ wie das Verhältnis von EZ [1] zu ZH, d.h. wie das Verhältnis von EB zu ZG. Somit ist nach Vertauschung das Verhältnis von ME zu EB wie das Verhältnis von EZ zu ZG, [2] und durch Verbindung [der Vorder- und Hinterglieder] wird das Verhältnis von MB zu BE wie das Verhältnis von EG zu GZ. Die Linie BT ist jedoch mittlere

---

Behauptung:

29 Kreis A : Kreis B $= BT^2 : GK^2$

30 und Kreis B : Kreis G $= GK^2 : DL^2$

Beweis:

31 $ME : EZ = EZ : ZH = EB : ZG$

f. 136 v

1 $\rightarrow ME : EB = EZ : ZG$

2 $\rightarrow MB : BE = EG : GZ$ [E V 18]

[Proportionale] zwischen [3] den Linien MB und BE, und die Linie KG ist mittlere [Proportionale] zwischen den Linien EG und GZ. Folglich ist das Verhältnis von BT zu BE wie das Verhältnis von KG [4] zu GZ. Durch Vertauschung wird das Verhältnis von BT zu KG wie das Verhältnis von EB [5] zu ZG; nun ist aber das Verhältnis von EB zu ZG [6] wie das Verhältnis von ME zu [7] EZ. Folglich ist das Verhältnis von BT [8] zu KG wie das Verhältnis des Durchmessers ME zu EZ. [9] Mithin ist das Verhältnis des Quadrates von ME zum Quadrat von EZ, d. h. das Verhältnis von Kreis A zu Kreis [10] B, wie das Verhältnis des Quadrates von TB zum Quadrat von KG. Und das ist es, was wir beweisen wollten.

[Porisma:] Und es ergibt sich wohl für uns [11] hieraus, daß wir erkennen, daß die Linien TB, KG und LD einander fortlaufend proportional und zueinander parallel sind.

Das ist leicht zu erkennen [12] und naheliegend zu erfassen: Wenn wir die Verbindungslinien zwischen den Berührungspunkten und den Mittelpunkten gezogen haben, dann erscheinen uns rechtwinklige Dreiecke, [13] die einander ähnlich sind in der Gestalt und in der Lage.

---

3 $\left.\begin{array}{l} MB : BT = BT : BE \\ EG : KG = KG : GZ \end{array}\right\}$ [E III 36]

$\rightarrow BT : BE = KG : GZ \left[\text{denn } \frac{MB}{BE} \cdot \frac{BT}{BT} = \frac{EG}{GZ} \cdot \frac{KG}{KG}\right]$

4 d. h. $BT : KG = EB : ZG$

6 $EB : ZG = ME : EZ$ [Z. 31]

8 $\rightarrow BT : KG = ME : EZ$

9 $\rightarrow ME^2 : EZ^2 = \text{Kreis A} : \text{Kreis B} = TB^2 : KG^2$

w.z.b.w.

[§ 4]

Ich behaupte, daß genau dasselbe zutrifft, wenn [14] die Tangenten von [h11] den Enden der Durchmesser gezogen werden und nicht von den Mittelpunkten, wie diejenigen, die in dieser [15] Figur gezeichnet sind. [Fig. 7]

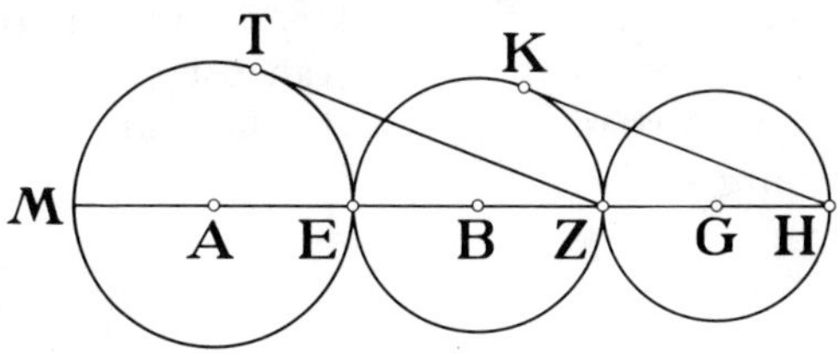

Fig. 7

Beweis: Weil [16] das Verhältnis des Durchmessers ME zu EZ wie das Verhältnis von EZ [17] zu ZH ist, wird nach Verbindung [der Vorder- und Hinterglieder] das Verhältnis [18] von MZ zu ZE wie das Verhältnis von EH zu HZ. [19] Aber die Linie ZT ist mittlere Proportionale zwischen den Linien MZ und ZE, [20] und die Linie KH ist mittlere Proportionale zwischen den Linien EH und HZ.

---

§ 4

Voraussetzung:

14 [Kreis A: Kreis B = Kreis B: Kreis G]

15 [ZT, HK] Tangenten an Kreis [A, B]

Behauptung:

$[TZ^2 : KH^2 = \text{Kreis A} : \text{Kreis B}]$

Beweis:

16	ME : EZ = EZ : ZH	[E XII 2]
18	→ MZ : ZE = EH : HZ	[E V 18]
19	MZ : ZT = ZT : ZE	[E III 36]
20	EH : KH = KH : HZ	[E III 36]

Somit ist das Verhältnis von TZ zu KH wie das Verhältnis von EZ zu ZH, d. h. [21] wie das Verhältnis von ME zu EZ. Also ist das Verhältnis des Quadrates von ME zum Quadrat von EZ, d. h. das Verhältnis von Kreis A zu Kreis B, wie das Verhältnis [22] des Quadrates der Tangente TZ zum Quadrat der Tangente KH.

[Porisma:] Und gleichfalls ist es wohl klar aus dem Vorangegangenen, daß diese Tangenten [23] einander parallel und fortlaufend proportional sind, wieviele es auch seien.

[§ 5]

Wenn Kreise, die sich von innen in einem [24] einzigen Punkt berühren, einander fortlaufend proportional sind, und es werden von den Enden ihrer Durchmesser Linien gezogen, die sie [25] der Reihe nach berühren, dann sind die Verhältnisse der Kreise zueinander wie die Verhältnisse der Quadrate ihrer Tangenten [26] zueinander.

Beispiel: Nehmen wir Kreise an mit den Durchmessern AB, AG und AD, die einander fortlaufend proportional seien [27] und einander in Punkt A berühren sollen, und

---

20 $\rightarrow \mathrm{TZ} : \mathrm{KH} = \mathrm{EZ} : \mathrm{ZH} = \mathrm{ME} : \mathrm{EZ}$ [s. § 3]

21 $\rightarrow \mathrm{ME}^2 : \mathrm{EZ}^2 = \text{Kreis A} : \text{Kreis B} = \mathrm{TZ}^2 : \mathrm{KH}^2$

[w.z.b.w.]

§5

Voraussetzung:

26 $\text{Kreis AB} : \text{Kreis AG} = \text{Kreis AG} : \text{Kreis AD}$

ziehen wir von den Punkten G und D Tangenten an die Kreise, nämlich [28] die Linien GE und DZ. [Fig. 8]

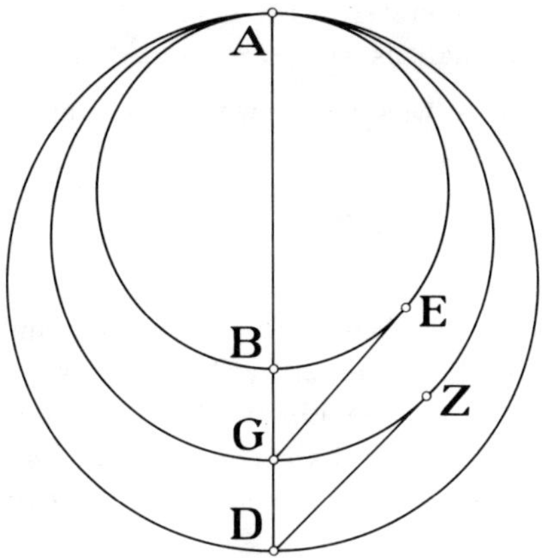

Fig. 8

Dann behaupte ich, daß das Verhältnis von Kreis AEB zu Kreis AZG wie das Verhältnis [h12] des Quadrates der Tangente [29] EG zum Quadrat der Tangente ZD ist.

Beweis: Weil das Verhältnis von DA zu AG wie das Verhältnis von GA [30] zu AB ist, ergibt sich durch Trennung und Vertauschung, wie wir weiter oben dargelegt

---

28 GE, DZ Tangenten

Behauptung:

28 Kreis AEB : Kreis AZG $= EG^2 : ZD^2$

Beweis:

29 DA : AG = GA : AB	[E XII 2]
30 → ZD : EG = GA : AB	[vgl. oben § 3]

haben, das Verhältnis von ZD zu EG wie das Verhältnis *f. 137 r* von GA [1] zu AB. Folglich ist das Verhältnis des Quadrates von ZD zum [2] Quadrat von EG wie das Verhältnis des Quadrates von GA zum Quadrat [3] von AB, d.h. gleich dem Verhältnis von Kreis GZA zu [4] Kreis BEA.

Und das ist es, was wir [5] beweisen wollten.

[§ 6]

Allgemein [gilt]: Wenn Kreise vorhanden sind, [6] die von Linien berührt werden, welche mit den [7] durch ihre Mittelpunkte gezogenen Linien gleiche Winkel umschließen, dann sind die Verhältnisse [8] der Kreise zueinander wie die Verhältnisse [der Quadrate] [9] der Tangenten zueinander.

Beispiel: Nehmen wir zwei Kreise an [10] mit den Mittelpunkten A und B, ziehen durch die Mittelpunkte die Linien AG und BD und ziehen GE, die Kreis A berührt, und DZ, die [11] Kreis B berührt, und es sei Winkel AGE gleich Winkel BDZ. [Fig. 9]

---

f. 137 r

1 $\rightarrow ZD^2 : EG^2 = GA^2 : AB^2 =$ Kreis GZA : Kreis BEA

4 w.z.b.w.

[Vgl. Lemmata S. 1 u. Pappos VII 106, die aber Lagebeziehungen betreffen]

§ 6

Voraussetzung:

10 GE, DZ Tangente an Kreis A bzw. Kreis B

11 $\sphericalangle$ AGE = $\sphericalangle$ BDZ

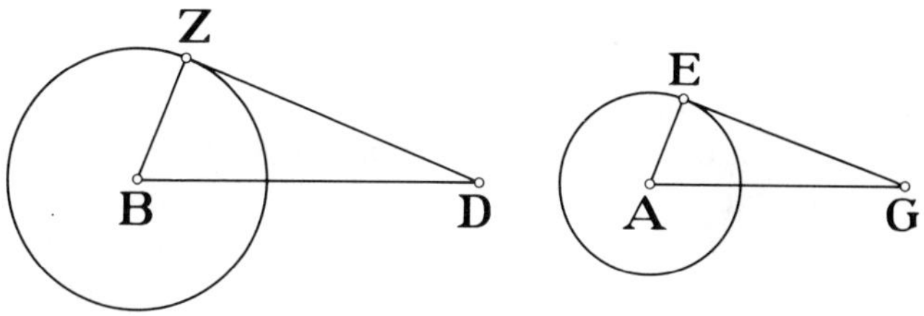

Fig. 9

Dann behaupte ich, daß das Verhältnis von Kreis A zu [12] Kreis B wie das Verhältnis des Quadrates der Tangente GE zum Quadrat der Tangente DZ ist.

Beweis: Weil [13] die rechtwinkligen Dreiecke AEG und BZD einander ähnlich sind, ist das Verhältnis von EG zu ZD wie das Verhältnis von EA zu [14] ZB. Damit ist das Verhältnis des Quadrates von EG zum [15] Quadrat von ZD wie das Verhältnis [16] des Quadrates [h13] der Linie EA [17] zum Quadrat der Linie ZB, d. h. [18] das Verhältnis [der Quadrate] des Durchmessers von Kreis A zum Durchmesser [19] von Kreis B, d. h. gleich dem Verhältnis von Kreis A zu Kreis B.

Und das ist es, was wir beweisen wollten.

Behauptung:

11 Kreis A : Kreis B $= GE^2 : DZ^2$

Beweis:

13 $\triangle$ AEG $\sim$ $\triangle$ BZD

13 $\rightarrow EG : ZD = EA : ZB$ [E VI 4]

14 $\rightarrow EG^2 : ZD^2 = EA^2 : ZB^2$ [E VI 20]

18 $\rightarrow EG^2 : ZD^2 =$ Kreis A : Kreis B [E XII 2]

w.z.b.w.

[§ 7]

[20] Wenn zwei einander berührende Kreise vorhanden sind und von den beiden Endpunkten der Linie, die durch ihre Mittelpunkte [21] und durch den Berührungspunkt geht, zwei einander vertauschende Linien gezogen werden, die sich schneiden und die beiden Kreise berühren, dann ist das Verhältnis von Kreis [22] zu Kreis wie das Verhältnis [der Quadrate] der beiden einander vertauschenden, sich schneidenden Tangenten zweifach genommen.

Beispiel: [23] Nehmen wir zwei Kreise mit Mittelpunkten A und B so an, daß sie sich im Punkt G berühren, und ziehen die Linie, die durch ihre Mittelpunkte geht, [24] nämlich die Linie DGE. Ziehen wir ferner von den Punkten D und E zwei Linien, die sich schneiden und die beiden Kreise in [25] den Punkten Z und H berühren. [Fig. 10]

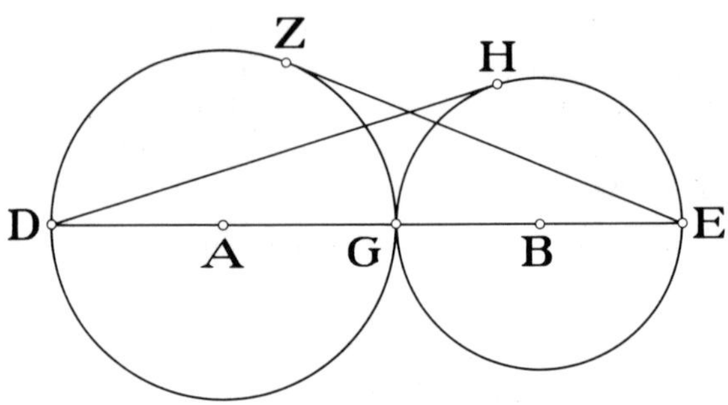

Fig. 10

---

§ 7

Voraussetzung:

24 DH, EZ Tangente an Kreis B bzw. Kreis A

Dann behaupte ich, daß das Verhältnis von Kreis A zu Kreis B wie das zweifach genommene Verhältnis [des Quadrates] der Tangente DH zu [dem Quadrat] der Tangente [26] EZ ist.

Beweis: Weil das Verhältnis von Kreis A zu Kreis B wie das zweifach genommene Verhältnis [27] des Durchmessers DG zum Durchmesser GE ist, und das Verhältnis von Durchmesser [28] DG zu Durchmesser GE wie das Verhältnis des Produktes ED mal [29] DG zum Produkt DE mal EG ist, wird das Verhältnis [30] von Kreis A zu Kreis B wie das zweifach genommene Verhältnis des Produktes [31]
f. 137 v ED mal DG zum Produkt DE mal EG, [1] d.h. wie das [zweifach genommene] Verhältnis des Quadrates der Tangente DH [h14] zum Quadrat der Tangente EZ.

Und das ist es, was wir beweisen wollten.

[§ 8]

Wenn ein Kreis vorhanden ist und von dem einen der beiden Enden seines Durchmessers seine Tangente gezogen wird, sowie von dem anderen Ende desselben [3] eine

---

Behauptung:

25 Kreis A : Kreis B $= (\mathrm{DH}^{[2]} : \mathrm{EZ}^{[2]})^2$

Beweis:

26 Kreis A : Kreis B $= (\mathrm{DG} : \mathrm{GE})^2$ [E XII 2]

28 $\mathrm{DG} : \mathrm{GE} = (\mathrm{ED} \cdot \mathrm{DG}) : (\mathrm{DE} \cdot \mathrm{EG})$

30 $\rightarrow$ Kreis A : Kreis B $= [(\mathrm{ED} \cdot \mathrm{DG}) : (\mathrm{DE} \cdot \mathrm{EG})]^2$

f. 137 v

1 $= (\mathrm{DH}^2 : \mathrm{EZ}^2)^{[2]}$ [E III 36]

w.z.b.w.

Linie gezogen wird, die den Kreis schneidet und die Tangente trifft, dann ist das Produkt der Sekante mal ihrem Teilstück, das sich innerhalb des Kreises befindet, [4] gleich dem Quadrat des Durchmessers.

[Beispiel:] Nehmen wir also einen Kreis an mit dem Durchmesser AB, ziehen von dem Punkt A seine Tangente, nämlich [5] die Linie AG, und verbinden BDG. [Fig. 11]

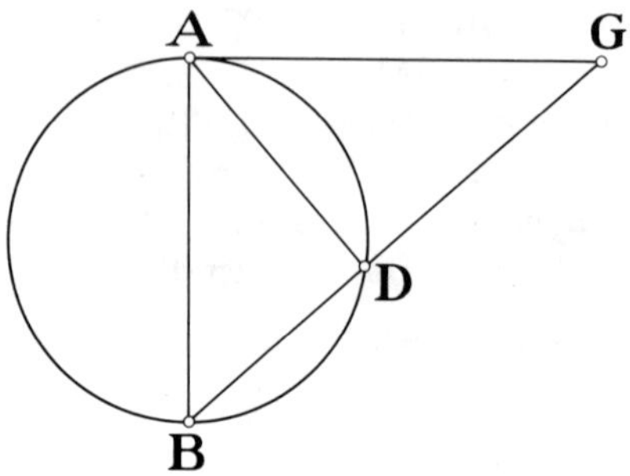

Fig. 11

Dann behaupte ich, daß [6] das Produkt GB mal BD gleich dem Quadrat von AB ist.

[1.] Beweis: [7] Ziehen wir AD. Weil nun das rechtwinklige Dreieck GBA [8] ähnlich dem rechtwinkligen Dreieck

---

§ 8

Voraussetzung:

5 AG Tangente am Kreis mit Durchmesser AB

Behauptung:

6 $GB \cdot BD = AB^2$

Beweis:

7 $\triangle$ GBA $\sim$ $\triangle$ ABD [E VI 8]

ABD ist, ist das Verhältnis von GB zu BA [9] wie das Verhältnis von BA zu BD. Somit ist das Produkt GB mal BD gleich dem Quadrat von AB. Und das ist es, [10] was wir beweisen wollten.

[2.] Beweis dieses Satzes auf andere Weise: [11] Weil das Quadrat von GB, d. h. das Produkt BG mal GD zusammen mit dem Produkt GB mal BD, gleich dem Quadrat von GA zusammen mit dem Quadrat [12] von AB ist, und das Produkt BG mal GD gleich dem Quadrat von GA ist, ist das restliche Produkt GB mal BD gleich dem restlichen Quadrat von AB. [13] Und das ist es, was wir beweisen wollten.

[3.] Beweis dieses Satzes auf andere Weise: Weil das Produkt GD [14] mal BD gleich dem Quadrat von AD ist, folgt, wenn wir das Quadrat von DB [beiderseits] gemeinsam machen, daß die Quadrate von AD und DB [zusammen], d. h. das Quadrat [15] von AB, gleich dem Produkt [h15] GD mal DB [zusammen] mit dem Quadrat von DB, d. h. [gleich] dem Produkt GB mal BD sind. Und das ist es, was wir [16] beweisen wollten.

---

8 $\rightarrow GB : BA = BA : BD$

9 $\rightarrow GB \cdot BD = AB^2$

w.z.b.w.

2. Beweis:

11 $GB^2 = BG \cdot GD + GB \cdot BD = GA^2 + AB^2$ [E II 2; E I 47]

12 $BG \cdot GD = GA^2$ [E III 36]

$\rightarrow GB \cdot BD = AB^2$

13 w.z.b.w.

3. Beweis:

14 $GD \cdot BD = AD^2 \quad | + DB^2$ [E VI 8]

15 $\rightarrow AD^2 + DB^2 = AB^2 = GD \cdot DB + DB^2$ [E I 47]

$= GB \cdot BD$

w.z.b.w.

[Porisma:] Ebenso ist auch, wenn wir beliebig viele Linien ziehen, wie etwa EZB, [Fig. 12] das Produkt [17] der ganzen Linie mal ihrem Teilstück, das innerhalb des Kreises fällt, gleich dem Quadrat seines Durchmessers, und es

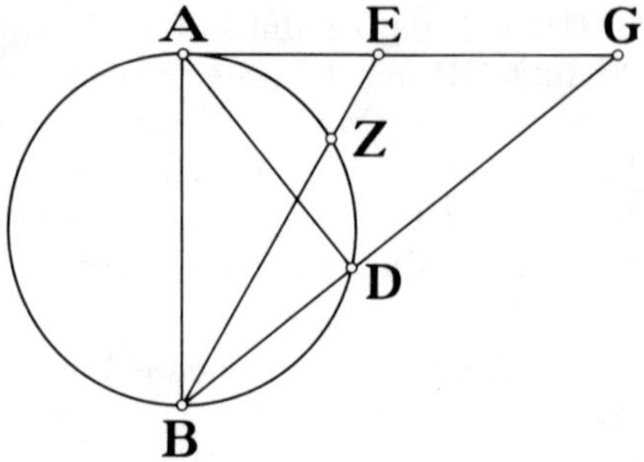

Fig. 12

sind die Flächen, die [18] jede einzelne der gezogenen Linien mit ihrem Teilstück [19], das innerhalb des Kreises fällt, einschließt, einander gleich.

[§ 9]

Wenn [20] eine Linie einen Kreis an einem Ende seines Durchmessers berührt und es wird auf ihr irgendein Punkt angenommen, [21] von dem eine andere Linie gezogen wird, die den Kreis berührt, dann ist das Produkt des einen

---

Porisma:

16 [$EB \cdot ZB = AB^2$

17 $EB \cdot ZB = BG \cdot BD$]

Teilstückes [22] der Tangente mit dem anderen gleich dem Produkt der ganzen Linie, die durch den Mittelpunkt geht, mit [23] ihrem Teilstück, das vom Mittelpunkt des Kreises bis zu seinem Umfang geht; ferner ist das Produkt der ganzen Tangente [24] mit ihrem Teilstück, das zwischen dem Treffpunkt und dem Berührungspunkt liegt, gleich dem Produkt der Linie, die durch den Mittelpunkt geht, mit ihrem Teilstück, [25] das zwischen dem Treffpunkt und dem Mittelpunkt des Kreises liegt.

Beispiel: [Fall 1:] Nehmen wir einen Kreis an mit Mittelpunkt A und Durchmesser BG [26], ziehen vom Punkt B eine Tangente, nämlich die Linie BD, und nehmen auf der Linie BD irgendeinen beliebigen Punkt an, [27] nämlich den Punkt D; von ihm ziehen wir eine andere Linie, die den Kreis im Punkt E berührt, nämlich die Linie DEZ, und [28] die Linie, die durch den Mittelpunkt geht, im Punkt Z trifft. [Fig. 13]

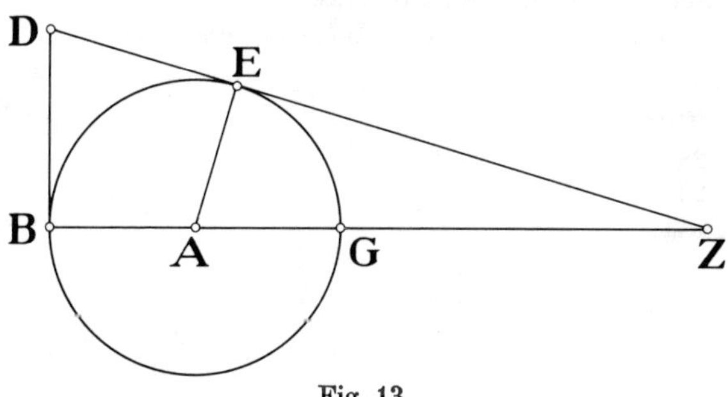

Fig. 13

---

§ 9

Fall 1:

Voraussetzung:

27 BD, DEZ Tangenten an Kreis A

[a.] Dann behaupte ich, daß das Produkt DE mal EZ gleich dem Produkt ZB mal [29] [h16] BA ist;

[b] und daß das Produkt DZ mal ZE gleich dem Produkt BZ mal ZA ist.

[a.] Beweis: Ziehen wir AE. Weil nun hinsichtlich der beiden Dreiecke [30] DBZ und ZEA der rechte Winkel DBZ des einen gleich dem rechten Winkel ZEA des anderen ist und Winkel [31] DZB den beiden gemeinsam ist, sind sie einander ähnlich. Somit ist das Verhältnis von ZB zu BD,
f. 138 r d.h. zu DE, wie das Verhältnis von [1] ZE zu EA, d.h. zu BA. Demnach ist das Produkt ZB mal BA gleich [2] dem Produkt DE mal EZ.

[b.] Weiter behaupte ich, [3] daß das Produkt DZ [4] mal ZE gleich dem Produkt BZ mal ZA ist.

Beweis: Weil die beiden Dreiecke [5] DBZ und ZEA einander ähnlich sind, ist das Verhältnis von DZ zu ZB wie das Verhältnis [6] von AZ zu ZE. Folglich ist das Produkt DZ mal ZE gleich dem Produkt BZ mal ZA.

Und das ist es, was [7] wir beweisen wollten.

Behauptung:

a) 28 $DE \cdot EZ = ZB \cdot BA$
b) 29 $DZ \cdot ZE = BZ \cdot ZA$

Beweis:

a) 30 $\sphericalangle DBZ = \sphericalangle ZEA$
   31 $\sphericalangle DZB$ gemeinsam
   31 $\rightarrow \triangle DBZ \sim \triangle ZEA$ [E VI 4]
   $\rightarrow ZB : BD = ZB : DE = ZE : EA = ZE : BA$

f. 138 r

   1 $\rightarrow ZB \cdot BA = DE \cdot EZ$
   [w.z.b.w.]

b) 5 $\triangle DBZ \sim \triangle ZEA$
   $\rightarrow DZ : ZB = AZ : ZE$
   6 $\rightarrow DZ \cdot ZE = BZ \cdot ZA$ [E VI 16]
   w.z.b.w.

[Fall 2:] Wenn es so ist, daß die Tangente am Ende des Durchmessers nicht im Punkt B berührt, sondern im Punkt [8] G wie die Linie GD, dann ist [a.] das Produkt DE mal EZ gleich dem Produkt AG mal GZ, und [b.] das Produkt EZ [9] mal ZD gleich dem Produkt AZ [10] mal GZ. [Fig. 14]

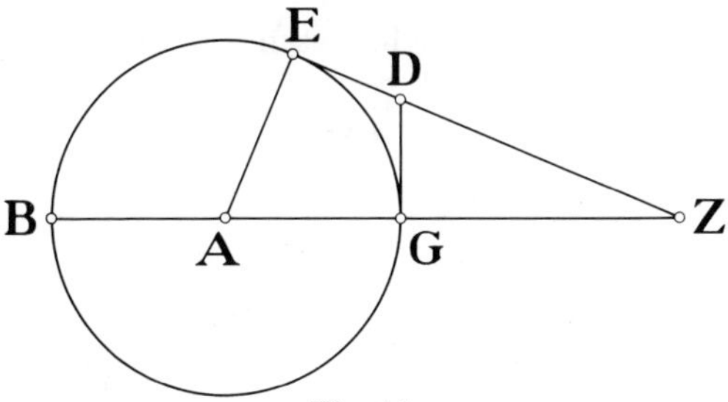

Fig. 14

h[17] [1.] Beweis: [a.] Weil die Dreiecke ZEA und ZGD einander ähnlich sind, ist das Verhältnis von ZE zu EA [11] wie ZG zu GD, d.h. zu ED. Somit ist das Produkt ZE mal ED gleich dem Produkt [12] AG mal GZ.

Fall 2:

Voraussetzung:

8 GD, [EDZ] Tangenten am Kreis

Behauptung:

a) 8 $DE \cdot EZ = AG \cdot GZ$
b) 10 $EZ \cdot ZD = AZ \cdot GZ$

1. Beweis:

a) 10 $\triangle ZEA \sim \triangle ZGD$
11 $\rightarrow ZE : EA = ZG : GD = ZG : ED$
12 $\rightarrow ZE \cdot ED = AG \cdot GZ$

[w.z.b.w.]

[b.] Weiter behaupte ich, daß das Produkt EZ mal ZD gleich dem Produkt [13] AZ mal ZG ist.

Beweis: Weil [14] die beiden Dreiecke einander ähnlich sind, ist das Verhältnis von EZ [15] zu ZA wie das Verhältnis von GZ zu ZD. Somit ist das Produkt EZ mal ZD gleich [16] dem Produkt ZA mal ZG.

Und das ist es, was wir beweisen wollten.

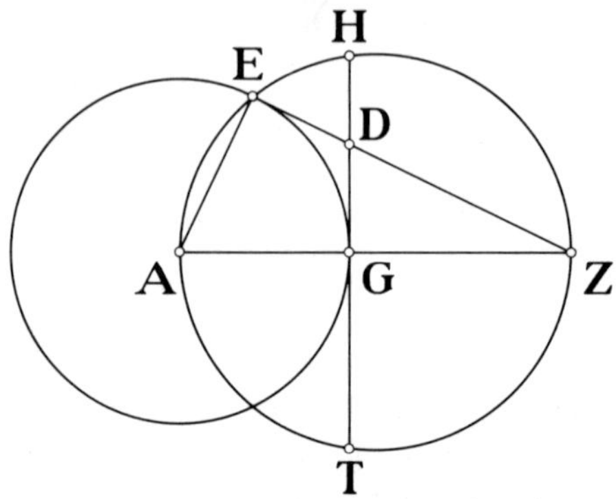

Fig. 15

[2.] Beweis [17] dieses Satzes auf andere Weise: Wir zeichnen um das rechtwinklige Dreieck AZE [18] den Kreis ZT; dann ist die Linie AZ sein Durchmesser. Ziehen wir ferner die Linie TGH; [Fig. 15]

---

b) 15 $EZ : ZA = GZ : ZD$

16 $\rightarrow EZ \cdot ZD = ZA \cdot ZG$

w.z.b.w.

2. Beweis:

a) 18 TGH Sehne im Kreis AZE

[a.] dann ist, weil die Linie TH im Punkt G in zwei Hälften [19] und im Punkt D in zwei verschiedene Teile geteilt ist, das Produkt TD mal DH zusammen mit dem Quadrat von GD gleich [20] dem Quadrat von GH. Aber das Produkt TD mal DH ist gleich dem Produkt ZD mal DE, und das Quadrat von GD ist gleich dem Quadrat von ED. [21] Somit ist das Produkt ZD mal DE zusammen mit dem Quadrat von ED, d. h. das Produkt ZE mal ED, gleich [22] dem Quadrat von GH. Dann ist das Quadrat von GH gleich dem Produkt AG mal GZ. [23] Demnach ist das Produkt AG mal GZ gleich dem Produkt ZE mal ED.

[24; h18] Und das ist es, was wir beweisen wollten.

[b.] Weil [25] andererseits das Produkt HD mal DT, d.h. das Produkt [26] ED mal ZD, kleiner als das Quadrat von HG, d.h. das Produkt [27] AG mal GZ, um das Quadrat von GD ist und das Quadrat von DZ größer als das Quadrat [28] von ZG um einen dem Quadrat von GD gleichen Betrag ist, so ist das Produkt ED mal DZ zusammen mit dem Quadrat von ZD, d.h. das Produkt EZ mal ZD,

---

19 $TD \cdot DH + GD^2 = GH^2$ [E II 5]

20 $TD \cdot DH = ZD \cdot DE$ [E III 35]
$GD^2 = ED^2$ [E III 36]

21 $\rightarrow ZD \cdot DE + ED^2 = ZE \cdot ED = GH^2$ [weil $ZD + DE = ZE$]

22 und $GH^2 = AG \cdot GZ$ [E III 35]

23 $\rightarrow AG \cdot GZ = ZE \cdot ED$

w.z.b.w.

b) 25 $(HG^2 = AG \cdot GZ) - (HD \cdot DT = ED \cdot ZD) = GD^2$ [E II 5]

27 $DZ^2 - ZG^2 = GD^2$ [E I 47]

28 $\rightarrow ED \cdot ZD + ZD^2 = EZ \cdot ZD =$

gleich [29] dem Produkt AG mal GZ zusammen mit dem Quadrat von ZG, d.h. dem Produkt AZ mal ZG.

Und das ist es, was wir beweisen wollten.

[§ 10]

[30] Wenn zwei Kreise vorhanden sind, die sich von innen berühren, und es wird eine Linie gezogen, die beide berührt und mit der Linie, die [31] durch den Berührungspunkt und die beiden Mittelpunkte geht, einen rechten Winkel bildet, und es wird auf der Linie, die durch
f. 138 v [1] die beiden Mittelpunkte geht, irgendein Punkt angenommen, und von ihm werden zwei andere Linien gezogen, welche die beiden Kreise berühren und die andere [2] Tangente treffen, dann ist das Verhältnis des größeren Kreises zum kleineren Kreis wie das Verhältnis der Fläche, die von den [3] zwei Teilstücken der Tangente an den größeren Kreis umschlossen wird, zur Fläche, die von den zwei Teilstücken der Tangente an den [4] kleineren Kreis umschlossen wird, zweifach genommen.

Beispiel: Nehmen wir den Kreis an mit Mittelpunkt A, der den Kreis mit Mittelpunkt B [5] im Punkt G von innen berührt, und ziehen durch den Berührungspunkt und die beiden Mittelpunkte die Linie GDEZ, dann ist ler Durch-

---

29 $= AG \cdot GZ + ZG^2 = AZ \cdot ZG$

w.z.b.w.

§ 10

f. 138 v

Voraussetzung:

6 GDEZ Zentrale der Kreise A und B

messer von Kreis A die Linie [6] GD und der Durchmesser von Kreis B die Linie GE. Ferner ziehen wir von Punkt Z die Linien [h19] ZHT und ZKL, welche die beiden Kreise [7] in den Punkten H und K berühren. [Fig. 16]

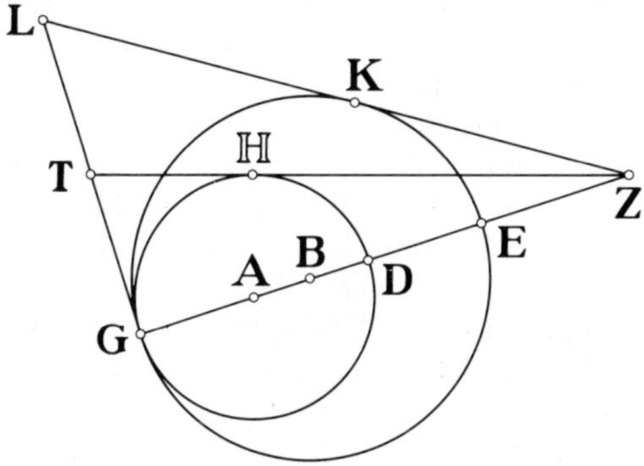

Fig. 16

Dann behaupte ich, daß das Verhältnis von Kreis A zu Kreis B wie das zweifach genommene Verhältnis des Produktes ZH mal HT [8] zum Produkt ZK mal KL ist.

Beweis: Weil das Verhältnis der Linie GA zu GB wie das Verhältnis [9] des Produktes ZG mal GA zum Produkt ZG mal GB ist und das Produkt ZG mal GA gleich dem

---

ZHT, ZKL Tangenten

Behauptung:

7 Kreis A : Kreis B $= [(ZH \cdot HT) : (ZK \cdot KL)]^2$

Beweis:

9 $GA : GB = (ZG \cdot GA) : (ZG \cdot GB)$ [E V 16]
und $ZG \cdot GA$ [$= ZH \cdot HT$]

Produkt [ZH mal HT und das Produkt ZG mal GB gleich dem Produkt] ZK mal KL ist, [10] wie wir in dem vorhergehenden Satz bewiesen haben, wird das Verhältnis von GA zu GB wie das Verhältnis des Produktes ZH mal HT [11] zum Produkt ZK mal KL. Das Verhältnis von GA zu GB ist aber wie das Verhältnis des Doppelten von GA zum Doppelten von GB, d.h. wie das Verhältnis [12] des Durchmessers GD zum Durchmesser GE. Somit wird das Verhältnis von Durchmesser GD zu Durchmesser GE wie das Verhältnis des Produktes ZH mal HT zum [13] Produkt ZK mal KL. Nun ist das Verhältnis des Quadrats von GD zum Quadrat von GE wie das Verhältnis von GD zu GE zweifach genommen, und die Verhältnisse [14] der Quadrate der Durchmesser von Kreisen zueinander sind wie die Verhältnisse der Kreise [15] zueinander. Mithin ist das Verhältnis von Kreis A zu Kreis B wie das zweifach genommene Verhältnis von Durchmesser [16] GD zu Durchmesser GE, d.h. wie das zweifach genommene Verhältnis des Produktes [17] ZH mal HT zum Produkt ZK mal KL.

Und das ist es, [18] was wir beweisen wollten.

Anm.: § 9 (Fall 1) und § 10 mit gleichem Beweisgang auch in Abū Naṣr ibn ʿIrāq, Masā'il Nr. 14 (ed. Hyderabad 1948, p. 17).

$[ZG \cdot GB] = ZK \cdot KL$ [§ 9]

11 $\rightarrow GA : GB = (ZH \cdot HT) : (ZK \cdot KL)$

Aber $GA : GB = 2GA : 2GB = GD : GE$

12 $\rightarrow GD : GE = (ZH \cdot HT) : (ZK \cdot KL)$

13 Aber $GD^2 : GE^2 = (GD : GE)^2$ [E VI def. 5]

und „Kreise verhalten sich wie die Quadrate

14 ihrer Durchmesser“ [E XII 2]

16 $\rightarrow$ Kreis A : Kreis B $= [(ZH \cdot HT) : (ZK \cdot KL)]^2$

w.z.b.w.

[§ 11]

Wenn zwei sich nicht [19] schneidende Kreise gegeben sind, deren Mittelpunkte auf einer einzigen Linie liegen, und es werden von ihren Mittelpunkten [20] zwei sich schneidende Tangenten an die beiden Kreise gezogen, so ist das Produkt [h20] der zwei Teilstücke [21] der einen Tangente gleich dem Produkt der zwei Teilstücke der anderen Tangente.

[22] Beispiel: Nehmen wir zwei sich nicht schneidende Kreise an, deren Mittelpunkte, nämlich die Punkte A und B, auf einer einzigen Linie liegen sollen, [23] nämlich der Linie AB; ziehen wir von den Mittelpunkten A und B die Linien AG und BD, welche die beiden Kreise in den Punkten D und G berühren [24] und sich im Punkt E schneiden. [Fig. 17]

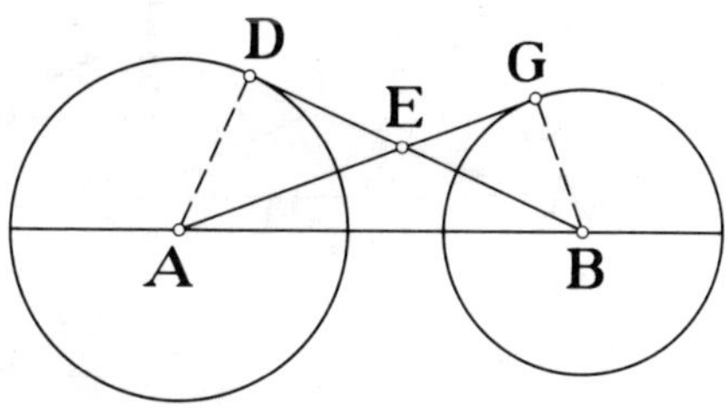

Fig. 17

Dann behaupte ich, daß das Produkt AE mal EG gleich dem Produkt BE mal ED ist.

---

§ 11

Voraussetzung:

23 AG, BD Tangenten an Kreis B bzw. Kreis A

Behauptung:

24 $AE \cdot EG = BE \cdot ED$

[1.] Beweis: [25] Verbinden wir DA und GB; dann ist, weil die beiden rechtwinkligen Dreiecke ADE und BGE einander ähnlich sind, das Verhältnis [26] von EA zu ED wie das Verhältnis von BE zu EG. Somit ist das Produkt [27] AE mal EG gleich dem Produkt BE mal ED.
[28] Und das ist es, was wir beweisen wollten.
[29] [2.] Beweis dieses Satzes auf andere Weise: [30] Weil jeder der beiden Winkel ADB [31] und AGB ein Rechter ist und
f. 139 r die Dreiecke ADB und AGB auf einer [1] einzigen Linie liegen, nämlich der Linie AB, sind die Dreiecke ADB und AGB [2] beide in einem Halbkreis. Zeichnen wir also um sie [3] den Halbkreis ADGB; weil dann die beiden Linien AEG [4] und BED sich in dem Kreis im Punkt E schneiden, [5] wird das Produkt AE mal EG gleich dem Produkt BE [6] mal ED. [Fig. 18]

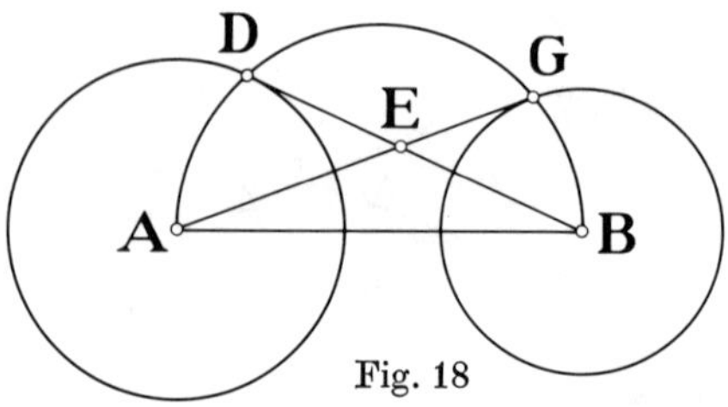

Fig. 18

Und das ist es, was wir beweisen wollten.

---

1. Beweis:

25	$\triangle$ ADE $\sim$ $\triangle$ BGE	[E I 15]
26	$\rightarrow$ EA : ED = BE : EG	[E VI 4]
27	$\rightarrow$ AE · EG = BE · ED	
	w.z.b.w.	

f. 139 r

2. Beweis:

4	Weil AEG, BED Sehnen im Halbkreis, gilt	
5	AE · EG = BE · ED	[E III 35] w.z.b.w.

[§ 12]

[h21] Wenn zwei Linien existieren, die einen einzigen Kreis berühren, [7] und die durch die Berührungspunkte gehende Linie geradlinig verlängert wird, wenn ferner auf ihr irgendein Punkt angenommen und von dem [8] angenommenen Punkt eine Berührungslinie an den Kreis gezogen wird, welche die eine Tangente schneidet und bis zu der anderen reicht, so ist das Verhältnis [9] der ganzen gezogenen [Berührungs-]Linie zu ihrem Teilstück, das außerhalb der beiden Tangenten fällt, wie das Verhältnis des größeren zum kleineren ihrer beiden Teilstücke, die [10] zwischen die Tangenten fallen und die der Berührungspunkt trennt.

[Beispiel:] Nehmen wir [11] zwei Linien AB und AG an, die den Kreis BG in den Punkten B und G berühren, ziehen die Linie BG und verlängern sie geradlinig; [12] ferner nehmen wir auf ihrer Verlängerung den Punkt D an und ziehen von dem Punkt D eine weitere Tangente an den Kreis, nämlich [13] die Linie DEZH, wobei die Berührung im Punkt Z stattfindet. [Fig. 19a und b]

Dann behaupte ich, daß das Verhältnis von HD zu DE wie das Verhältnis von HZ [14] zu ZE ist.

Beweis: Dieser hängt davon ab, ob die Linien AB und AG zueinander parallel oder nicht parallel sind.

---

§ 12

Voraussetzung:

11 AB, AG, DEZH Tangenten an Kreis A, BGD Sekante

Behauptung:

13 HD : DE = HZ : ZE

[15] [Fall 1:] Nehmen wir zuerst an, daß sie parallel sind. Dann ist Winkel BHD gleich Winkel GED, und es ist Dreieck [16] [BHD ähnlich Dreieck] GED. Dann ist das Verhältnis von HD zu DE wie das Verhältnis von HB zu EG. Aber die Linie HZ ist gleich der Linie HB, denn [17] sie berühren beide den Kreis von einem einzigen Punkt aus, nämlich H. Ebenso ist auch die Linie EZ gleich der Linie EG. Folglich ist das Verhältnis [18] von HD zu DE wie das Verhältnis von HZ zu ZE. [Fig. 19a]

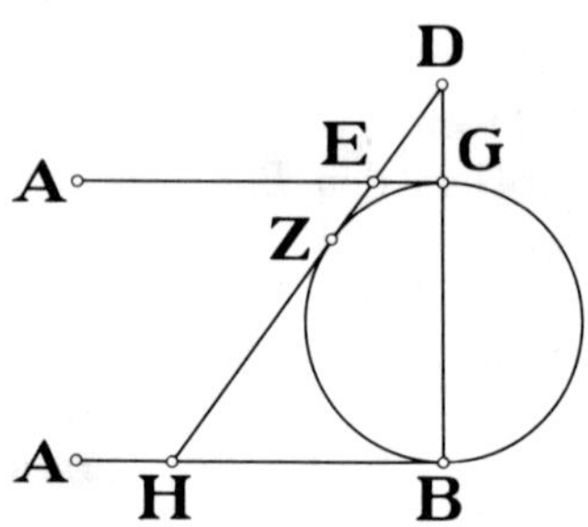

Fig. 19a

Beweis:

Fall 1:

15	$AB \parallel AG$	
15	$\sphericalangle BHD = \sphericalangle GED$	[E I 29]
16	$\rightarrow \triangle BHD \sim \triangle GED$	
	$\rightarrow HD : DE = HB : GE$	[E VI, 4]
	ferner $HZ = HB$	[E III 17]
17	und $EZ = EG$	
18	$\rightarrow HD : DE = HZ : ZE$	

[Fall 2] Wenn sie nicht parallel sind, [h22] dann mögen sie sich im Punkt A treffen. Ziehen wir [19] von Punkt E eine Linie parallel zu der Linie AB, nämlich die Linie ET. Weil nun die Linien AB und AG [20] den Kreis

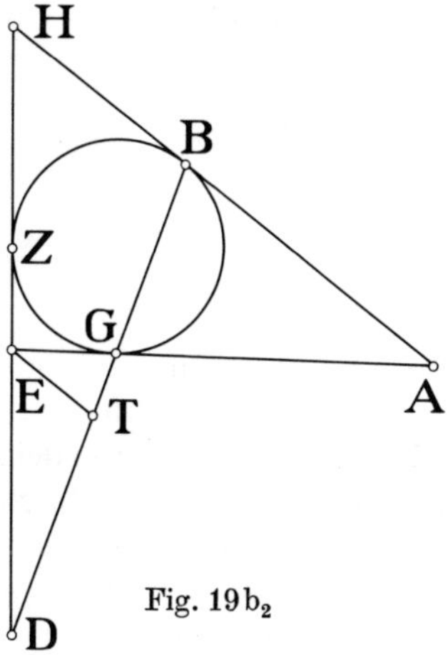

Fig. $19b_2$

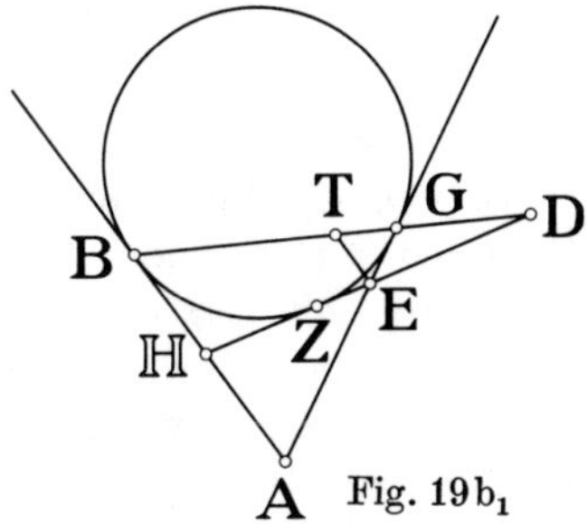

Fig. $19b_1$

berühren, sind sie einander gleich. Dann ist der Winkel AGB gleich dem Winkel ABG. Winkel ETG ist aber gleich [21] Winkel ABG, weil die Linien [AB und TE]

Fall 2:

[In der Zeichnung 2 Unterfälle: Tangente DH auf gleicher oder entgegengesetzter Seite des Kreises wie A]

18	AB nicht $\parallel$ AG	
19	AB $\parallel$ ET	
20	AB = AG	[E III 17]
	$\rightarrow \sphericalangle$ AGB = $\sphericalangle$ ABG	[E I 5]
21	aber $\sphericalangle$ ETG = $\sphericalangle$ ABG	[E I 29]

parallel sind. Somit ist Winkel ETG gleich Winkel EGT; also ist die Linie ET gleich der Linie [22] EG. Weil ferner das Verhältnis von HD zu DE wie das Verhältnis von HB zu ET, d.h. zu [23] EG, ist und die Linie HB gleich der Linie HZ, sowie die Linie EG gleich der Linie EZ ist, ist das Verhältnis von [24] HD zu DE wie das Verhältnis von HZ zu ZE. [Fig. 19b]

Und das ist es, was wir beweisen wollten.

[§ 13]

f. 139 v [1] Wenn eine Linie vorhanden ist, die einen Kreis am Ende seines Durchmessers berührt, und der Durchmesser wird geradlinig verlängert, und es wird darauf [2] irgendein Punkt angenommen, von dem eine andere Tangente an den Kreis gezogen wird, welche die Senkrechte auf dem Durchmesser trifft, [3] und es wird von dem Berührungspunkt des Endes des Durchmessers zu der schon gezogenen Linie eine Senkrechte auf diese gezogen, dann ist das Verhältnis [4] der ganzen gezogenen Linie zu ihrem Teilstück,

---

$\rightarrow \sphericalangle$ ETG = $\sphericalangle$ EGT
[weil $\sphericalangle$ EGT = $\sphericalangle$ AGB nach E I 15]

22 $\rightarrow$ ET = EG [E I 6]
Ferner HD : DE = HB : ET =
= HB : EG [E VI 2 bzw. 4]

23 Sowie HB = HZ
und EG = EZ

24 $\rightarrow$ HD : DE = HZ : ZE [Harmonische Teilung]
w.z.b.w.

§ 13

f. 139 v

das zwischen dem angenommenen Punkt und dem Berührungspunkt liegt, wie das Verhältnis ihres Teilstückes, das zwischen dem Berührungspunkt und der Senkrechten auf den Durchmesser liegt, zu ihrem Teilstück, [5] das zwischen dem Berührungspunkt und dem Fußpunkt der Senkrechten liegt.

Beispiel: [1. Fall:] Nehmen wir einen Kreis an [6] mit Mittelpunkt A, dessen Durchmesser die Linie GAT sei, ziehen auf den Durchmesser eine Senkrechte, die den Kreis berührt, nämlich die Linie GE, [7] und ziehen die Linie GT weiter. Auf ihrem weitergezogenen [Stück] nehmen wir irgendeinen Punkt an, nämlich [h23] den Punkt D, und ziehen von Punkt [8] D aus eine Linie, die den Kreis im Punkt Z berührt, nämlich die Linie DE. Schließlich ziehen wir vom Punkt G eine Senkrechte auf [9] die Linie DE, nämlich die Linie GH. [Fig. 20]

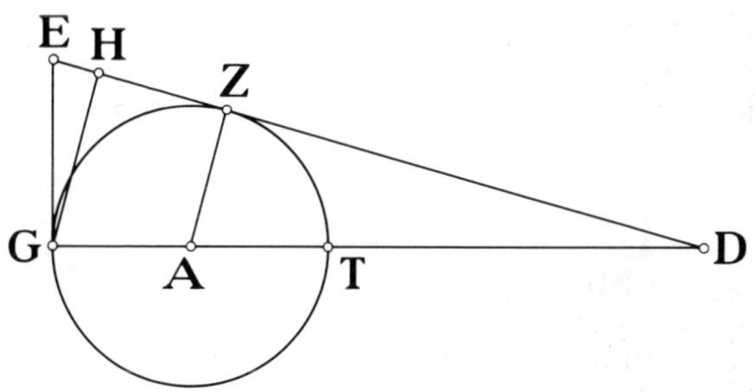

Fig. 20

---

1. Fall:

Voraussetzung:

6 GATD Zentrale
GE, EZD Tangenten an Kreis A

8 GH ⊥ DE

Dann behaupte ich, daß das Verhältnis von ED zu DZ wie das Verhältnis von EZ zu ZH ist.

Beweis: [10] Ziehen wir die Verbindungslinie AZ. Weil nun Winkel AZD ein Rechter und Winkel GHD ein Rechter ist, ist GH parallel zu der Linie AZ. [11] Und das rechtwinklige Dreieck DEG ist dem rechtwinkligen Dreieck DAZ ähnlich. Somit ist das Verhältnis [12] von DE zu EG, d.h. das Verhältnis von DE zu EZ, wie das Verhältnis von DA zu AZ, [13] d.h. zu AG. Das Verhältnis von DA zu AG ist aber wie das Verhältnis [14] von DZ zu ZH. Mithin ist das Verhältnis von DE zu EZ [15] wie das Verhältnis von DZ zu ZH. Und wenn wir vertauschen, wird das Verhältnis von ED zu DZ wie das Verhältnis von EZ [16] zu ZH.

Und das ist es, was wir beweisen wollten.

[Porisma:] Es ist wohl klar, daß durch Trennung [17] das Verhältnis von EZ zu ZD wie das Verhältnis von EH zu HZ wird.

Behauptung:

9 ED : DZ = EZ : ZH

Beweis:

10	$\sphericalangle$ AZD = 90°	
	$\sphericalangle$ GHD = 90°	
	$\rightarrow$ GH $\parallel$ AZ	[E I 28]
11	$\triangle$ DEG $\sim$ $\triangle$ DAZ	[E VI 5]
12	$\rightarrow$ (DE : EG = DE : EZ)	[E III 17]
	= (DA : AZ = DA : AG)	[E VI 4]
13	Aber DA : AG = DZ : ZH	[E VI 2]
14	$\rightarrow$ DE : EZ = DZ : ZH	
15	$\rightarrow$ ED : DZ = EZ : ZH	[E V 16]

w.z.b.w.

Porisma:

17	EZ : ZD = EH : HZ	[E V 17]

[Zusatz:] Zu dieser Situation behaupte ich, daß das Verhältnis von EZ zu [18] ZD wie das Verhältnis der vom Mittelpunkt ausgehenden [Linie] AT zu TD ist.

Beweis: Ziehen wir die Verbindungslinien EA und ZT. [Fig. 21] Weil [19] die Linie GE gleich der Linie EZ und

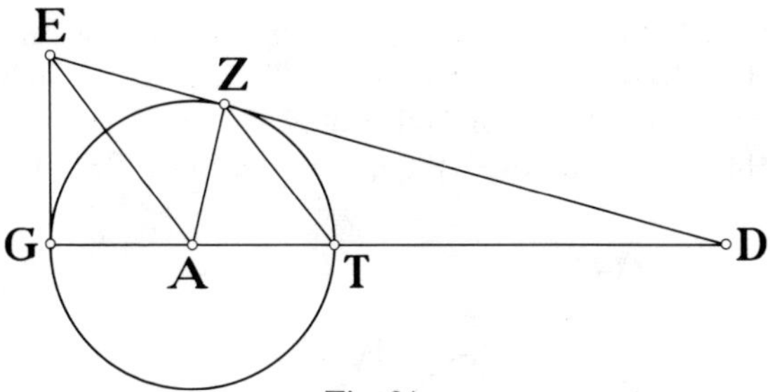

Fig. 21

die Linie AG gleich der Linie AZ und die Basis für beide Dreiecke dieselbe ist, ist Winkel [20] GAE gleich Winkel ZAE. Somit ist Winkel GAZ das Doppelte von Winkel GAE. Ferner ist Winkel GAZ das Doppelte [h24] von Winkel [21] GTZ, denn einer der beiden liegt im Mittelpunkt

---

Zusatz:

Behauptung:

18 $EZ : ZD = AT : TD$

Beweis:

19 $GE = EZ$
$AG = AZ$
[EA] gemeinsam

20 $\rightarrow \sphericalangle GAE = \sphericalangle ZAE$ [E I 8]
$\rightarrow \sphericalangle GAZ = [\sphericalangle GAE + \sphericalangle ZAE =]\ 2 \sphericalangle GAE$

21 Ferner $\sphericalangle GAZ = 2 \sphericalangle GTZ$ [E III 20 wörtl.]

und der andere auf dem Umfang, und ihre Sehne gehört zu demselben Bogen. [22] Mithin ist Winkel GAE gleich Winkel GTZ. Demnach ist die Linie EA parallel zu der Linie ZT. [23] Also ist das Verhältnis von EZ zu ZD wie das Verhältnis von AT zu TD.

[24] Und das ist es, was wir beweisen wollten.

[25] [2. Fall.] Wenn es so ist, daß die Tangente, die am Ende des Durchmessers gezogen wird, [26] den Kreis nicht im Punkt G, sondern am anderen Ende des Durchmessers berührt, wie in dieser [27] Figur z. B. die Linie TK, [Fig. 22]

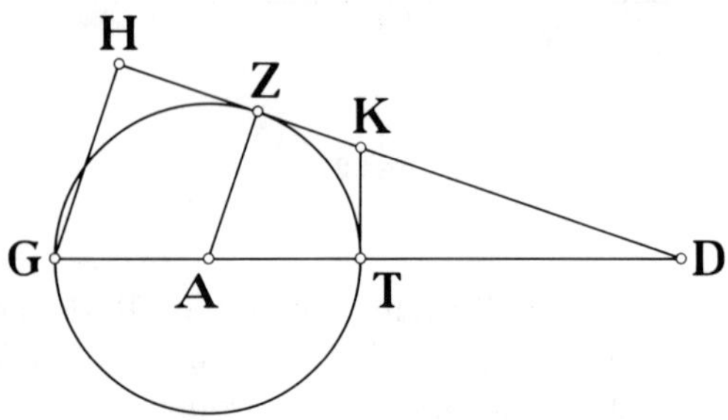

Fig. 22

---

22 → $\sphericalangle$ GAE = $\sphericalangle$ GTZ
→ EA $\parallel$ ZT [E I 28]
23 → EZ : ZD = AT : TD [E VI 2]
w.z.b.w.

2. Fall:

Voraussetzung:
26 [GATD Zentrale
KT, DKZH Tangenten an Kreis A
HG $\perp$ DZH]

behaupte ich, daß das Verhältnis von HZ zu ZD wie das Verhältnis von ZK [28] zu KD ist.

Beweis: Weil das rechtwinklige Dreieck ZAD [29] dem rechtwinkligen Dreieck TKD ähnlich ist, [30] ist das Verhältnis von ZA zu AD, d.h. das Verhältnis von HZ zu ZD, wie das Verhältnis [31] von KT zu KD, d.h. wie das Verhältnis von ZK zu KD.

Und das ist es, was wir [32] beweisen wollten.

[§ 14]

f. 140 r [1] Wenn der Durchmesser eines Kreises geradlinig verlängert wird und auf der Verlängerung desselben irgendein Punkt angenommen wird, von dem [2] eine Tangente an den Kreis gezogen wird, und wenn von dem Berührungspunkt eine Senkrechte auf den Durchmesser gezogen wird, so ist das Verhältnis der ganzen, [3] durch den Mittelpunkt gezogenen Linie zu ihrem Teilstück, das außerhalb des Kreises fällt, wie das Verhältnis der beiden Teilstücke des Durchmessers, welche die Senkrechte trennt, [4] [nämlich] des größeren von ihnen zum kleineren.

h[25] [Beispiel:] Nehmen wir also einen Kreis an um den Mittelpunkt A, dessen Durchmesser die Linie BG sei, [5]

Behauptung:

27 $HZ : ZD = ZK : KD$

Beweis:

29	$\triangle ZAD \sim \triangle TKD$	[E VI 5]
30	$\rightarrow (ZA : AD) = (HZ : ZD)$	[E VI 2]
31	$= (KT : KD) = (ZK : KD)$	[E VI 4
	w.z.b.w.	+ Nairīzī
		zu E III 17]

und verlängern diesen geradlinig. Auf der Verlängerung davon bestimmen wir den Punkt D, ziehen von ihm aus eine Linie, die den Kreis [6] im Punkt E berührt, und ziehen von Punkt E eine Senkrechte auf die Linie BG, nämlich EZ. [Fig. 23]

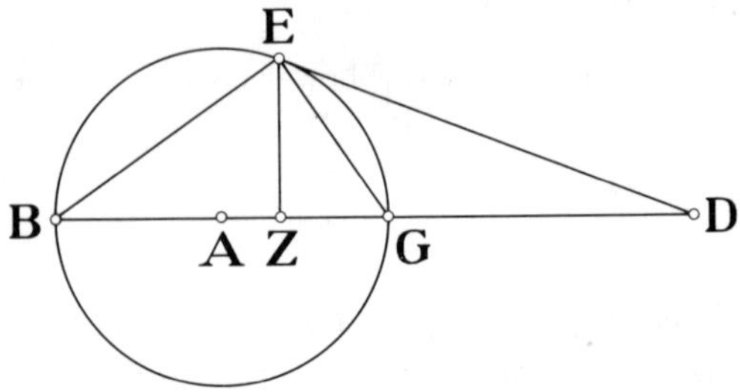

Fig. 23

Dann behaupte ich, daß das Verhältnis [7] von BD zu DG wie das Verhältnis von BZ zu ZG ist.

[1.] Beweis: Ziehen wir EB und EG. Weil nun das Verhältnis von BD [8] zu DE wie das Verhältnis von DE zu DG ist, sind die beiden Dreiecke BDE und EDG einander

---

§ 14

f. 140 r

Voraussetzung:

4 BGD Zentrale
DE Tangente
EZ ⊥ BG

Behauptung:

7 BD : DG = BZ : ZG

1. Beweis:

8 BD : DE = DE : DG [E III 36]
→ △ BDE ∼ △ EDG [E VI 4]

ähnlich, [9] und das Verhältnis von BD zu DE ist wie das Verhältnis von BE zu EG. [10] Das Verhältnis von BD zu DG ist aber wie das Verhältnis von BD zu DE zweifach genommen. [11] Folglich ist das Verhältnis von BD zu DG wie das Verhältnis von BE zu EG zweifach genommen. Das Verhältnis [12] von BZ zu ZG ist andererseits wie das Verhältnis von BE zu EG zweifach genommen. Folglich ist das Verhältnis von BD zu [13] DG wie das Verhältnis von BZ zu ZG.

Und das ist es, was wir beweisen wollten.

[2.] Beweis dieses [14] Satzes auf andere Weise: Errichten wir auf der Linie BG die beiden Linien BH und GT, die mit ihr einen rechten Winkel einschließen und [15] bis zu der Linie HD reichen. [Fig. 24]

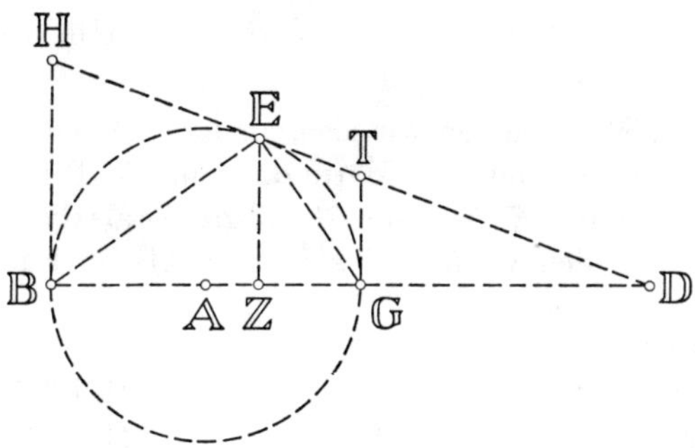

Fig. 24

---

9 und BD : DE = BE : EG — [E VI 4]
10 Aber BD : DG = (BD : DE)² [aus Z. 8] — [E V def. 9]
11 → BD : DG = (BE : EG)²
12 Anderseits BZ : ZG = (BE : EG)² — [E X 32, Lemma E VI 1]
13 → BD : DG = BZ : ZG

w.z.b.w.

Dann sind die Linien BH, ZE und GT zueinander parallel. Weil nun das Verhältnis von BD zu DG wie das Verhältnis [16] von BH zu GT ist, d.h. wie das Verhältnis von HE zu ET, und das Verhältnis von HE zu ET wie das Verhältnis [h26] von BZ zu ZG ist, wird [17] das Verhältnis von BD zu DG wie das Verhältnis von BZ zu ZG.

Und das ist es, was wir [18] beweisen wollten.

[§ 15]

Wenn in einem Kreissegment eine Linie so gebrochen ist, daß sie [19] zwei verschiedene Bögen als Sehne überspannt, und von dem Halbierungspunkt des Segmentes [20] eine Senkrechte auf das größere der beiden Teilstücke der gebrochenen Linie gezogen wird, dann teilt die Senkrechte die gebrochene Linie in zwei Hälften.

[21] [Beispiel:] Nehmen wir also ein Kreissegment an über der Basis AB, und es sei darin die Linie AGB in Punkt G gebrochen, und [22] die Linie AG sei größer als die Linie GB. Teilen wir den Umfang des Bogens AB im Punkt D in

---

2. Beweis:

15	BH ∥ ZE ∥ GT	[E I 28]
16	BD : DG = BH : GT	[E VI 2]
	= HE : ET	
	und HE : ET = BZ : ZG	[Folgt aus E VI 4]
17	→ BD : DG = BZ : ZG	

w.z.b.w.

§ 15

Voraussetzung:

21 AG > GB

22 Bogen AD = Bogen DB

zwei Hälften und ziehen [23] von ihm eine Senkrechte auf die Linie AG, nämlich die Linie DE. [Fig. 25]

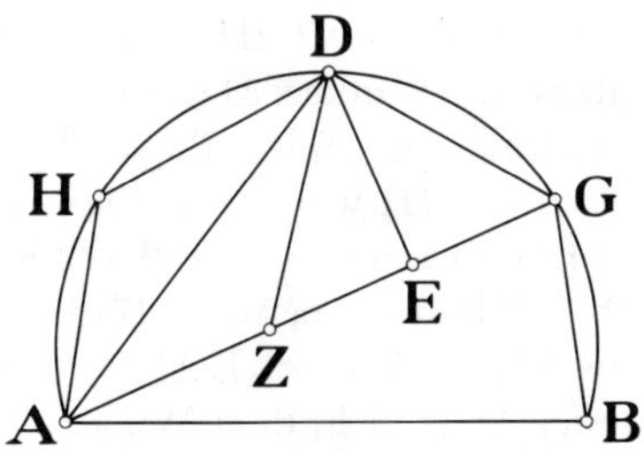

Fig. 25

Dann behaupte ich, daß die Linie AGB im Punkt E in zwei Hälften geteilt wurde, [24] d. h. daß die Linie AE gleich den beiden Linien EG, GB ist.

[1.] Beweis: Schneiden wir von dem größeren Bogen AD einen Bogen [25] gleich dem kleineren Bogen DG ab, nämlich den Bogen DH, und verbinden wir AH, HD und AD. Schneiden wir ferner von der größeren Linie AE [26] eine Linie gleich der Linie EG ab, nämlich die Linie EZ, und verbinden DZ. Weil nun die Linie ED [27] gemeinsame Senkrechte ist, wird DZ gleich DG, ebenso [DG gleich] DH.

---

23 DE $\perp$ AG

Behauptung:

24 AE = EG + GB

1. Beweis:

25 Man mache Bogen DG = Bogen DH

26 und EG = EZ

26 Weil ED gemeinsame Senkrechte

27 DZ = DG [$\triangle$ DZE $\cong$ $\triangle$ DGE] [E I 4]

27 [DG =] DH (gleiche Bogen) [E III 29]

Somit sind die drei Linien einander gleich. Weil ferner [28] das Verhältnis des Bogens AH zum Bogen AHD wie das Verhältnis des Winkels ADH zum Winkel AGD ist, sowie das Verhältnis des Bogens [h27] HD zum [29] Bogen AHD wie das Verhältnis des Winkels HAD zum Winkel AGD ist, ist das Verhältnis der beiden Bögen [30] AH, HD zusammen zum Bogen AHD wie das Verhältnis der beiden Winkel HAD, ADH zusammen zum [31] Winkel AGD. Die beiden Bögen AH, HD sind aber dem Bogen AHD gleich.
f. 140 v Somit [1] sind die beiden Winkel HAD, ADH zusammen gleich dem Winkel AGD, d.h. dem Winkel DZE. Winkel DZE ist aber gleich [2] den beiden Winkeln ZAD, ZDA. Folglich sind die beiden Winkel HDA, HAD gleich den beiden Winkeln ZAD, ZDA. Winkel [3] HAD ist aber gleich Winkel ZAD. Mithin ist der restliche Winkel HDA gleich dem restlichen Winkel ZDA. Weil [4] nun die beiden Linien DZ, DH einander gleich sind, die Linie DA gemeinsam ist und die beiden Winkel einander gleich sind, ist die Basis [5] AZ gleich der Basis AH. Die Linie AH ist

---

27 $\rightarrow$ DZ = DG = DH
28 Bogen AH : Bogen AHD = $\sphericalangle$ ADH : $\sphericalangle$ AGD [E VI 33]
29 Bogen HD : Bogen AHD = $\sphericalangle$ HAD : $\sphericalangle$ AGD
30 $\rightarrow$ (Bogen AH + Bogen HD) : (Bogen AHD) =
= ($\sphericalangle$ HAD + $\sphericalangle$ ADH) : $\sphericalangle$ AGD [E V 24]
31 Bogen AH + Bogen HD = Bogen AHD [nach Vorauss.]

f. 140 v

1 $\rightarrow$ $\sphericalangle$ HAD + $\sphericalangle$ ADH = $\sphericalangle$ AGD =
= $\sphericalangle$ DZE [s. oben Z. 27]
1 Aber $\sphericalangle$ DZE = $\sphericalangle$ ZAD + $\sphericalangle$ ZDA [E I 32]
2 $\rightarrow$ $\sphericalangle$ HDA + $\sphericalangle$ HAD = $\sphericalangle$ ZAD + $\sphericalangle$ ZDA
3 $\sphericalangle$ HAD = $\sphericalangle$ ZAD [E III 21]
3 $\rightarrow$ $\sphericalangle$ HDA = $\sphericalangle$ ZDA
4 DZ = DH [s. oben Z. 27]
4 DA gemeinsam [$\rightarrow$ $\triangle$ ADZ $\cong$ $\triangle$ ADH] [E I 4]
5 $\rightarrow$ AZ = AH [vgl. Lemmata S. 3]

jedoch gleich der Linie GB und die Linie ZE ist gleich der Linie EG. Folglich ist die Summe [6] AE gleich den beiden Linien EG, GB.

Und das ist es, was wir beweisen wollten.

[2.] Beweis dieses Satzes [7] auf andere Weise: Zeichnen wir die Figur wie im Vorhergehenden, vervollständigen den Kreis AZBD, verlängern die Linie AG [8] geradlinig, nehmen die Linie EH gleich der Linie EA an und ziehen die Verbindungslinien GD, DH, BD und AD. [Fig. 26]

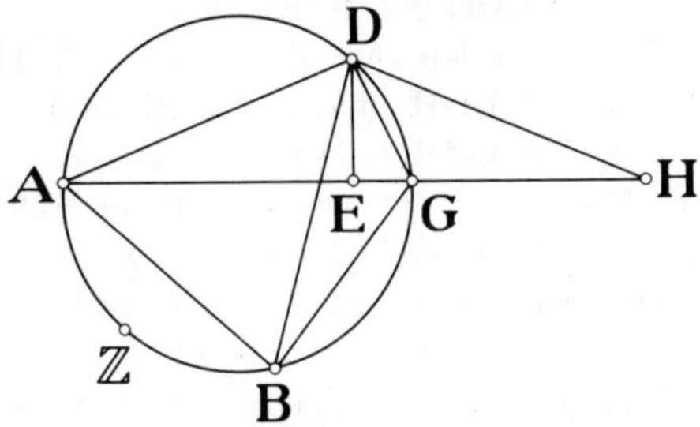

Fig. $26_1 = 27_1$

Weil nun [9] Bogen AD gleich Bogen DGB ist, ist Sehne AD gleich Sehne DB. Nun ist die Linie DH gleich [10] der Linie AD. Somit ist die Linie DH gleich der Linie DB.

---

5 Ferner AH = GB [E III 29]
5 und ZE = EG [vgl. oben Z. 26]
6 → AE [= AZ + ZE] = EG + GB [vgl. Bīrūnī,
w.z.b.w. Sehnenbuch I a]

2. Beweis (Fig. 26):
8 Man mache EH = EA
9 Bogen AD = Bogen DGB [nach Vorauss.]
9 → Sehne AD = Sehne DB } [△ DAE ≅ △ DHE] [E III 29]
10 DH = AD } [E I 4]
10 → DH = DB

Weil [h28] ferner Winkel DAG gleich Winkel DBG ist, [11] denn beide stehen auf dem gleichen Bogen, und Winkel DHE gleich Winkel DAE ist, ist Winkel DHE gleich [12] Winkel DBG. Weil andererseits der Bogen DAZB gleich dem gesamten Bogen DGBZA ist, [13] der Winkel DGB jedoch auf dem Bogen DAZB steht und die beiden Winkel DAG, ADG zusammen auf dem Bogen DGBZA stehen [14] (was nämlich den Winkel DAG anbetrifft, so steht er auf dem Bogen DG, und was den Winkel ADG anbetrifft, so steht er auf dem Bogen GBZA), sind auch die beiden Winkel DAG, [15] ADG gleich dem Winkel DGB. Nun ist Winkel DGH gleich den zwei Winkeln DAG, ADG. Folglich ist Winkel [16] DGH gleich Winkel DGB. Es wurde aber schon bewiesen, daß Winkel DHG gleich Winkel DBG ist. [17] Somit ist der restliche Winkel HDG [18] gleich dem restlichen [19] Winkel BDG. [20] Weil nun die Linie DH [21] gleich der Linie DB ist und die Linie [22] DG gemeinsam ist, und weil die beiden Winkel [23] einander gleich sind, ist die Linie GH gleich der Linie GB. Mithin sind die

---

10 ∢ DAG = ∢ DBG } [E III 21]
11 ∢ DHE = ∢ DAE [= ∢ DAG] } [Z. 10]
11 → ∢ DHE = ∢ DBG
12 Bogen DAZB = Bogen DGBZA
[denn Bogen DA = Bogen DB]
13 ∢ DGB auf Bogen DAZB
13 und (∢ DAG + ∢ ADG) auf Bogen DGBZA
14 weil ∢ DAG auf Bogen DG und ∢ ADG auf Bogen GBZA
15 → ∢ DAG + ∢ ADG = ∢ DGB [E III 21]
15 ∢ DGH = ∢ DAG + ∢ ADG [E I 32]
16 → ∢ DGH = ∢ DGB } [Z. 11]
16 ∢ DHG = ∢ DBG }
18 ∢ HDG = ∢ BDG } (restl. Winkel) [der Dreiecke HDG, BDG] [E I 32]
21 DH = DB } [Z. 10]
22 DG gemeinsam }
23 → GH = GB [E I 4]

beiden Linien EG, GB gleich den beiden Linien EG, GH, [24] d.h. der Linie AE.

Und das ist es, was wir beweisen wollten.

[3.] Beweis dieses Satzes auf andere Weise: Belassen wir die Figur [25] in ihrem Zustand. [Fig. 27]

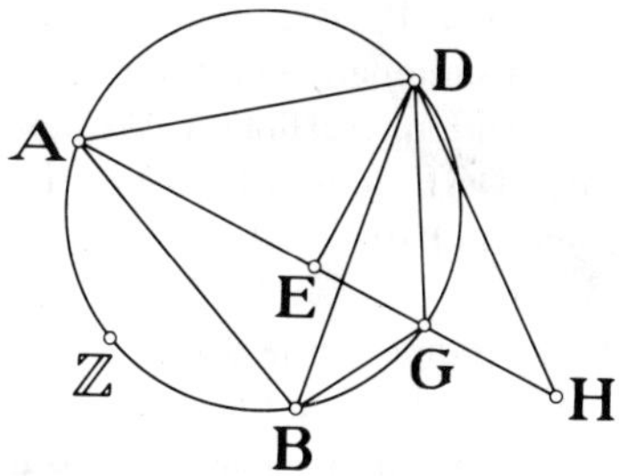

Fig. $26_2 = 27_2$

Wir stellen fest: Weil der Bogen DGB kleiner ist als ein Halbkreis, ist der Winkel, welcher [26] in ihn fällt, nämlich der Winkel DGB, stumpf. Weil andererseits der Bogen [h29] DBA größer ist als ein Halbkreis, [27] ist der Winkel, welcher in ihn fällt, nämlich Winkel DGA, spitz. Somit ist der Winkel DGH

---

23 → EG + GB = EG + GH = AE w.z.b.w. [vgl. Bīrūnī, Sehnenbuch I c]

3. Beweis (Fig. 27 ≡ Fig. 26)

24 Voraussetzung wie Z. 8 [EH = EA]

25 Bogen DGB < Halbkreis [nach Vorauss. 2 Bog. DGB = Bog. ADGB < Vollkreis]

26 → ∢ DGB > 90° [E III 31]

26 Bogen DBA > Halbkreis [Bog. DBA + Bog. DGB = Vollkreis]

27 → ∢ DGA < 90° [E III 31]

27 → ∢ DGH > 90° [E I 13: Nebenwinkel von DGA]

stumpf. Mithin sind die beiden Winkel [28] DGB und DGH stumpf. Nun ist der Winkel DHG gleich dem Winkel DBG; die Linie DB ist gleich der Linie DH, [29] und die Linie DG ist gemeinsam. Somit gilt für die beiden Dreiecke DGH und DGB, daß ein Winkel des einen von ihnen, nämlich der Winkel H, gleich einem Winkel [30] des anderen, nämlich dem Winkel B, ist, daß die Seiten, die zwei andere Winkel einschließen, einander proportional sind, [31] und daß die beiden restlichen Winkel, nämlich die Winkel DGH und DGB, jeder für sich größer als ein Rechter sind. Folglich sind die beiden restlichen Winkel einander gleich. *f. 141 r* [1] Somit ist die Linie HG gleich der Linie GB. [2] Also ist die ganze Linie EGH, [3] d.h. die Linie [4] AE, gleich den beiden Linien EG, GB.

[5] Und das ist es, was wir beweisen wollten.

[6] Beendet ist die Schrift des Archimedes über einander berührende Kreise. [7] Gelobt sei Allah allein und gesegnet sei sein Prophet Mohammed und seine Familie!

---

28 → $\sphericalangle$ DGB und $\sphericalangle$ DGH > 90°
28 $\sphericalangle$ DHG = $\sphericalangle$ DBG [da beide = $\sphericalangle$ DAG; bzw. Z. 11]
28 DB = DH [Z. 10]
29 DG gemeinsam
29 In den Dreiecken DGH, DGB ist:
a) $\sphericalangle$ H = $\sphericalangle$ B [Z. 28]
30 b) [DB : DG = DH : DG] weitere Winkel dieser Dreiecke
31 c) $\sphericalangle$ DGH > 90° [Z. 28]
$\sphericalangle$ DGB > 90°
31 → $\sphericalangle$ DGH = $\sphericalangle$ DGB [E VI 7 wörtl.]
[Ersatz des fehlenden Kongruenzsatzes ssw: △ DGH ≅ △ DGB]

f. 141 r

1 → HG = GB
2 → EGH [= EG + GH] = AE = EG + GB
w.z.b.w. [vgl. Bīrūnī, Sehnenbuch I e]

TEXTKRITISCHE ANMERKUNGEN

fol. 134 v	16	*Auf dem Rand von anderer Hand:* 26 [*als Nr. des Traktats*]
	25	fa-min an aḡl anna *B*: fa-min aḡl anna *h*
	26	HN: HZ *B*
	27	DBT *(2 mal) B:* DLT *h*
	28	ADL: ADB *B (?) h*
	30	ALD: ALG *B*
fol. 135 r	1	KT: LT *B*
	3	KZ *an 2. Stelle: unleserlich B*
	4	TZ: TN *B (?) h*
	17	fa-tabayyana *h: unpunktiert B*
		la-nā *B (?) h*
		bi-ḏālika aš-šakl *B (?)*: „Lücke" *h*
		LD, DT: LG, GT *B*
	20	DT: ZT *B*
fol. 135 v	1	KD, DT: KD *B*
	3	KM: LM *B*
	7	yafṣiluhā *B*: lammā yafṣiluhā *h*
	10	KDT, DTE: KDT *B*
		LK: AK *B*
	13	EN: *unleserlich B* EZ *h*
	14, 16	EN: EZ *B*
	21	NH: unleserlich *B* BH *h*
	23	ETD: TED *B*
	25	LK: AK *B*
		muwāzin: musāwin *B h*
	26	NH: BH *B (?)* BG *h*
	27	NH *(3 mal)*: ZH *B*
		ET: MT *B*
		EH: ET *B*

	28	NH: ZH *B*
		KD *B (?)*: TD *h*
	30	fa-zāwiyat *B*: wa-zāwiyat *h*
		TDE: DTE *B*
fol. 136 r	1	DTH: KTH *B*
		KTD: KDT *B*
	2	DTK: DBE *B*
		TZ: EZ *B*
	4	li-qalb: la-qultu *B*
	5	māssahumā *B*: mā baynahumā *h*
	5–11	*Fig. 4*: L *fehlt in B*
	9	bi-tašābuh *B*: yatašābahu *h*
	28	nuqaṭ *verstümmelt B*: ḫaṭṭ *h*
fol. 136 v	1	EB, ZG: ED, DG *B*
	2	GZ: GB *B*
	2,3	muwassaṭ *B*: mutawassiṭ *h*
	4–9	*Fig. 6*: H *fehlt in B*
	12	yaqrubu *B*: li-qurb *h*
	13	al-ḫalqa^{h}: al-ḥalqa^{h} *B* (?), *h*
	20	KH: KG *B*
	25	ka-nasab: ka-nisba^{t} *B*
	28	GE *B* : HE *h*
fol. 137 r	1	GA *2 mal B*
	8	ka-nasab murabbaʿāt: ka-nasab *B*
	21	mutabādilān *h*: mutabālān *B*
		yumāssāni: tamāssa *h*, *unpunktiert B*
	22	nisba^{t} murabbaʿayn: nisba^{t} *B*
	25	murabbaʿ ḫaṭṭ *2 mal*: ḫaṭṭ *B*
fol. 137 v	1	EZ al-mumāss muṯannāt^{an}: EZ al-mumāss *B*
	7	AD: AB *B*
		GBA: GDA *B*
	31	ZB, BD: DB, BG *B*
fol. 138 r	1	ZE: DE *B*
	8	AG: DG *B*
	8–9	wa-musaṭṭaḥ EZ: wa-musaṭṭaḥ EZ fī ZD yakūnu musāwiy^{an} li-musaṭṭaḥ DG fī GZ wa-musaṭṭaḥ EZ *B*
	9	AZ: AG *B*

	28	ZD: EG *B*
	29	ZG: EG *B*
fol. 138 v	1	ad-dā'iratayn: ad-dā'ira^{h} *B*
	9	wa-musaṭṭaḥ ZG fī GA musāwin li-musaṭṭaḥ ZH fī HT wa-musaṭṭaḥ ZG fī GB musāwin li-musaṭṭaḥ ZK fī KL: wa-musaṭṭaḥ ZG fī GA musāwin li-musaṭṭaḥ ZK fī KL *B*
	10	HT: GT *B*
	14–21	*Fig. 16:* H *fehlt in B*
	17	KL: KD *B*
	26–31	*Fig. 17: Strecken* AD, BG *fehlen in B*
	27	BE: ZE *B*
fol. 139 r	2	'alayhumā *B*: 'alayhā *h*
	7	bi-nuqṭatay al-mumāssa^{h}: bi-nuqṭa^{t} al-mumāssa^{h} *B* bi-n-nuqṭa^{h} al-mumāssa^{h} *h*
	15	BHD: BGD *B*
	15–16	muṯallaṯ BHD mušābih^{an} li-muṯallaṯ GED: muṯallaṯ GED *B*
	16	HZ: *verbessert aus* GZ *B*, GZ *h*
	18	iḏ^{an}: *verstümmelt B, fehlt in h*
		fa-yaltaqiyā *B:* fa-yalqayāni *h*
	21	*Fig. 19* b_2*:* H *fehlt in B*
	24	HD: HT *B*
fol. 139 v	4	al-mafrūḍa^{h} wa-bayna nuqṭa^{t} al-mumāssa miṯl nisba^{t} qismihi llaḏī bayna nuqṭa^{t} al-mumāssa^{h}: *von* wa-bayna *an auf dem Rand von B nachgetragen*
	4,5	nuqṭa^{t} al-mumāssa^{h} *B:* an-nuqta^{h} al-mumāssa^{h} *h*
	11	mušābih^{an} *h:* mušābih *B*
	21	GTZ *B:* HTZ *h*
		wa-wattarahumā qaws wāḥida^{h}: wa-wattarahā qaws wāḥida^{h} *B*
	28	KD: KT *B*
fol. 140 r	3	al-quṭr: al-quṭrayn *B*
	5	li-nata'allam *B*: li-nu'allim *h*
	7	BD: ZD *B*
	11	DG: *(erstes)* DE *B*
		BE: *(zweites)* DE *B*

	14	ʿalā *B:* min *h*
	16	ZG: ZT *B*
	17–19	*leere Stelle für Fig. 24 in B*
	23	AGB: AG *B*
	26	wa-hwa ḫaṭṭ *B:* wa-ḫaṭṭ *h*
fol. 140 v	1	HAD: HDA *B*
	2	HDA: HZA *B*
	3	HAD: GDA *B*
	5	ZE: DE *B*
	8	DH: DG *B*
	9	DB: AB *B*
	16	iḏ^{an}: ammā *B, (mit dem Hinweis, daß ein Fehler vorliegen muß) h*
	17–22	*Fig. 26:* Z *fehlt in beiden Teilen in B*
	19	BDG: DBG *B* DLG *h*
	20	DH: DG *B*
	22	DG: DH *B*
	23	GH (*zweites*): EH *B*
fol. 141 r	6	*auf dem Rand von anderer Hand* li-Ṯābit b. Qurra^{h} *B*

VERZEICHNIS DER FACHBEGRIFFE

Arabisch–Deutsch

Reihenfolge nach den Wortwurzeln des arabischen Alphabets
Umschrift der arabischen Worte nach Normblatt ISO/R 233.

Aršimīdis: Archimedes
Usṭuqussāt: Stoicheia
Ūqlīdis: Euklides
badala: vertauschen
  mutabādilān: einander vertauschend
burhān: Beweis
bu'd: Abstand, Radius
bāqī: restlich, Rest (nach Subtr.)
bayyana: beweisen, darlegen, s. ergeben
  tabayyana: beweisen, klarwerden
ṯabbata: belassen
muṯallaṯ: Dreieck
muṯannā^tan: zweifach genommen
ǧamī': gemeinsam, gesamt, zusammen
  maǧmū': Summe
ǧāza 'alà: gehen durch
ḥādd: spitz
inḥanà: gebrochen sein
aḥāṭa bi: umschließen, einschließen
  muḥīṭ: Umfang
ḥāl: Zustand
ḫaraǧa: ziehen
  aḫraǧa: ziehen, errichten, verlängern
  ḫāriǧ min: ausgehend von
  muḫraǧ: Verlängerung
ḫaṭṭ: Linie
ḫalqa^h: Gestalt
dā'ira^h: Kreis
murabba': Quadrat
'alà tartīb: der Reihe nach
rasama: schlagen (Kreis), zeichnen
rakkaba: verbinden (Glieder einer Proportion)
markaz: Mittelpunkt
zāwiya^h: Winkel
saṭḥ: Fläche
  musaṭṭaḥ: Produkt
sāwīy, musāwī: gleich
  mutasāwī as-sāqayn: gleichschenklig
mušābih: ähnlich
  mutašābih: einander ähnl.
  tašābuh: Ähnlichkeit
muštarak: gemeinsam

šakl: Satz
ṣūra^{h}: Figur
ḍi‘f: Doppeltes (e. Winkels)
ḍil‘: Seite (e. Dreiecks)
ṭaraf: Ende, Endpunkt
‘adala: gleichkommen
ta‘allama: bestimmen
‘amūd: senkrecht, Senkrechte
munfariǧ: stumpf
faraḍa: annehmen, nehmen
faṣala: trennen, abschneiden
qasama: teilen
inqasama: geteilt werden
qism: Teil, Teilstück, Abschnitt
quṭr: Durchmesser
qaṭa‘a: schneiden
taqāṭa‘a: s. schneiden
qiṭ‘a^{h}: Segment
ḫaṭṭ qāṭi‘: Sekante
qā‘ida^{h}: Basis
qaws: Bogen
qulb: Umkehrung
qā’im az-zawāyā: rechtwinklig
‘alà istiqāma^{h}: geradlinig, in einer Geraden
mustaqīm: gerade, geradlinig
laqiya: treffen
alqà: weglassen
iltaqà: sich treffen
nuqṭa^{t} al-iltiqā’: Treffpunkt
miṯl: wie, gleich, z. Beispiel
miṯlā: Doppeltes (e. Linie)
marra bi: gehen durch
māssa ‘alà: berühren in
ḫatt mumāss: Tangente, Berührungslinie
mumāssa^{h}: Berührung
mutamāss: einander berührend
nisba^{h}: Verhältnis
mutanāsib: proportional
nuqṭa^{h}: Punkt
an-nuqṭa^{h} allatī waqa‘a ‘alayhā al-‘amūd: Fußpunkt
manqūṣ: vermindert (durch Subtr.)
wattara: überspannen
watar: Sehne
muwāzīn li: parallel zu
ḫaṭṭ muwāzī: Parallele
mutawāzī: parallel zueinander
wasṭ: mittleres (Glied)
muwassaṭ: mittlere (Proportionale)
mawsūm: Titel
waṣala: verbinden, Verb.-linie ziehen
waḍ‘: Lage, Situation
tawālī an-nisba^{h}: in fortlaufender Proportion
mutatālī: aufeinanderfolgend

Deutsch–Arabisch

Die Fundstellen sind, soweit nicht mehr als fünfmal vertreten, nach Nummern und Unterteilung der Sätze angegeben. Wortformen s. Arabisch-Deutsch.

abschneiden: faṣala 15 : 1
Abstand (Radius): bu‘d 1:2a
ähnlich: mušābih
annehmen (voraussetzen): faraḍa
Archimedes: Aršimīdis: Eing., Schl.
aufeinanderfolgend (Kreise): mutatālī 1a, 2
ausgehend (v. Mittelp.) (Linie): ḫāriǧ 13 Zus.
Basis: qā‘ida^{h} 13 Zus., 15
belassen (Figur): ṯabbata 15:3
berühren: māssa
bestimmen (wählen): ta‘allama 1, 2, 14
Beweis: burhān
beweisen: bayyana
Bogen: qaws 13 Zus., 15
Doppeltes (e. Linie): miṯlā 10; (e. Winkels): ḍi‘f 13 Zus.
Dreieck: muṯallaṯ
Durchmesser: quṭr
Ende (Endpunkt): ṭaraf
Euklides: Ūqlīdis 1:2b
Figur: ṣūra^{h} 4, 13:2, 15
Fläche: saṭḥ 8–10
fortlaufend (Proportion): tawālī
Fußpunkt: an-nuqṭa^{h} allatī waqa‘a alayhā al-‘amūd 13
gebrochen sein (Linie): inḥanà 15
gehen (durch): ǧāza 10; marra 7, 9, 12
gemeinsam: muštarak
gemeinsam berühren: māssa ǧamī$^{‘an}$ 1: Por. 2
gerade: mustaqīm
Gestalt: ḫalqa^{h} 3 Por.
gleich: sāwī, musāwī, miṯl
gleichkommen: ‘adala 1:2b
gleichschenklig: mutasāwī as-sāqayn 1:1a
Kreis: dā’ira^{h}
Kreissegment: qiṭ‘a^{h} 15
Lage: waḍ‘ 3 Por.
Linie: ḫaṭṭ
Mittelglied: wasṭ 1:Por. 2
Mittelpunkt: markaz
mittlere (Proportionale): muwassaṭ 3, 4

parallel: muwāzī
Produkt: musaṭṭaḥ
proportional: mutanāsib 3, 15:3
Punkt: nuqṭa^{h}
Quadrat: murabbaʿ
recht(winklig): qā'im (az-zawāyā)
Reihe nach, der: ʿalà tartīb 3, 5
restlich: bāqī
Satz: šakl
schlagen (Kreis): rasama 1:2a
schneiden: qaṭaʿa
Sehne: watar 13 Zus., 15
Seite: ḍilʿ 15:3
Sekante: ḫaṭṭ qāṭiʿ 8
senkrecht: ʿamūd
Situation: waḍʿ 13 Zus.
spitz (Winkel): ḥādd 15:3
stehen (auf e. Bogen): ʿalà qaws wāḥida^{h} 15:2
Stoicheia: Usṭuqussāt 1:2b
stumpf (Winkel): munfariǧ 15:3
Summe: maǧmūʿ 15:1
Tangente: ḫaṭṭ mumāss
teilen: qasama
Teilstück: qism 8–15
Titel: mawsūm 1:2b
treffen: laqiya 9–12
trennen: faṣala 5, 12–14
überspannen, e. Sehne: wattara 15
Umfang: muḥīṭ 9, 13 Zus., 15
Umkehrung: qulb 1:2b
umschließen: aḥāṭa
verbinden (Punkte): waṣala
verbinden (Vorder- u. Hinterglieder): rakkaba 3, 4
Verhältnis: nisba^{h}
verlängern: aḫraǧa
vermindert: manqūṣ 1:1a
vertauschen: badala
weglassen (mittl. Glieder): alqà 1:2a
Winkel: zāwiya^{h}
zeichnen: rasama 1:1b, 4,9:2, 15:2
ziehen (e. Linie): ḫaraǧa
Zustand: ḥāl 15:3
zweifach genommen (Verhältnis): muṯannā^{tan}